Bride *Hairstyle*

温狄 编著 当日新娘

发型设计实例教程 （第2版）

人民邮电出版社

北 京

图书在版编目（CIP）数据

当日新娘发型设计实例教程 / 温狄编著. -- 2版
. -- 北京 ：人民邮电出版社，2015.9
ISBN 978-7-115-39794-2

Ⅰ．①当… Ⅱ．①温… Ⅲ．①女性－发型－设计－教
材 Ⅳ．①TS974.21

中国版本图书馆CIP数据核字(2015)第174326号

内 容 提 要

本书讲解了婚礼当日新娘发型的打造手法及风格特点，首先对 18 种基本造型手法进行了详细的讲解，然后将发型实例分为白纱系列、晚礼系列、旗袍系列和发型变换，其中发型变换包括韩式、鲜花、优雅、时尚、高贵、简约和短发 7 个类型。全书共有 106 款发型案例，除了详细的图文步骤与精彩的完成效果，每个案例还对所用手法、造型重点和风格特征进行提示。本书图文并茂、手法多样、简单易学，不但能使读者轻松掌握当下流行的新娘发型设计方法，还能启发读者的创新能力。

本书适用于影楼化妆师及新娘跟妆师，也可作为化妆造型培训机构的教材。

- ◆ 编　著　温　狄
　　责任编辑　赵　迟
　　责任印制　程彦红
- ◆ 人民邮电出版社出版发行　　北京市丰台区成寿寺路 11 号
　　邮编　100164　　电子邮件　315@ptpress.com.cn
　　网址　http://www.ptpress.com.cn
　　北京利丰雅高长城印刷有限公司印刷
- ◆ 开本：889×1194　1/16
　　印张：15
　　字数：594 千字　　　　　　　　　　2015 年 9 月第 2 版
　　印数：4 201－7 000 册　　　　　　　2015 年 9 月北京第 1 次印刷

定价：98.00 元

读者服务热线：**(010)81055410**　　印装质量热线：**(010)81055316**
反盗版热线：**(010)81055315**
广告经营许可证：京崇工商广字第 0021 号

浪漫甜蜜的婚礼是每个女孩的梦想，拥有属于自己的定制造型更是每个新娘的渴望。她们都期待穿着梦一样的婚纱，携手心仪的另一半步入婚礼殿堂。

新娘跟妆是当下一个热门的话题。越来越多的人开始重视生活的品位，想在人生重要的时刻留下美好的回忆。俗话说"三分长相，七分打扮"，打扮包括妆容、发型、服装、饰品等多种因素，而在这些因素中，发型起到了关键的作用，也可以说是整体造型的灵魂。婚礼当日要根据白纱、礼服、旗袍等不同的服装来搭配发型，并体现出新娘或优雅，或端庄，或俏丽的风格，使新娘在婚礼当日成为众人注目的焦点。

我总结了近年来流行的时尚元素及在实战中摸索的经验，在本书中讲解了婚礼当日新娘发型的打造手法及风格特点。本书图文并茂、手法多样、简单易学，不但能使读者轻松掌握当下流行的新娘发型设计方法，还能启发读者的创新能力。我编写本书的目的，是让热爱化妆造型的朋友们用最短的时间掌握当日新娘发型设计的实用技术，希望读者阅读后能有所收获，有所思考，让我们共有的行业越来越繁荣。

温狄

CONTENTS 目录

01
CHAPTER

基础手法

02
CHAPTER

白纱系列

 023
 025
 027
 029

 031
 033
 035
 037

 039
 041
 043
 045

 047
 049
 051
 053

 055
 057
 059
 061

179

181

183

04

旗袍系列

185

187

189

191

193

195

05

发型变换

时尚

217

219

221

韩式

199

201

203

高贵

223

225

227

鲜花

205

207

209

简约

229

231

233

优雅

211

213

215

短发

235

237

239

CHAPTER

01

·基础手法·

1. 束马尾

01

将所有头发抹上造型啫喱，
向后梳理光滑。

02

用皮筋将马尾扎紧。

03

束马尾完成图。

2. 打毛

打毛也称倒梳。提拉要打毛
的头发，从头发中间位置往
发根倒梳。打毛时，发片提
拉的角度决定头发蓬松饱满
的程度。要想打造蓬松饱满
的打毛效果，发片提拉角度
不能低于 90 度，反之不能
高于 90 度。

3. 卷筒

01

取一束发片，用电卷棒将其
烫卷。

02

以手指为轴心，将发卷缠绕
成卷筒状。

03

将手指由卷筒中抽出，下卡
子将其固定。

04

卷筒造型完成图。

4. 手打卷

01

取一束发片，以手指为轴心
进行缠绕。

02

将手打卷从手指中抽出，摆
放成圆形轮廓。

03

下卡子固定手打卷。

04

手打卷完成图。

5. 单包

01 将所有头发向后梳理光滑。

02 以尖尾梳的尖端为轴心。

03 将头发由右向左提拉，并将发尾向右拧转。

04 抽出尖尾梳，下卡子固定拧包。

05 沿着发包边缘下暗卡依次固定拧包。

06 单包完成图。

6. 双包

01 将后发区头发分为左右两个等份。

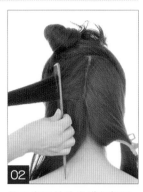

02 将左发区的头发进行打毛。

03 将打毛的头发表面梳理光滑、干净。

04 将左发区的头发由左向右斜向提拉，以尖尾梳尖端为轴心拧转，做成饱满的发包。

05 使卡子与头发呈90度，进行固定。

06 另一侧手法同上。最后将两个发包在中间下竖卡合并固定。

07 双包完成图。

7. 拧包

01
将后发区的头发梳理光滑。

02
将马尾头发偏向一侧梳理至手中，以顺时针或逆时针方向拧转。

03
使卡子与头发呈90度来固定发包。

04
拧包完成图。

TIPS
拧包的高度可根据发型的需要来控制。

8. 内扣烫卷

01
取一束发片，将电卷棒夹口朝上夹住头发，由外向内旋转，烫出的花卷为内扣。

02
烫发时，电卷棒不可太贴近脸部及头皮，以免造成烫伤。烫卷时，电卷棒在头发上停留3秒左右最为合适。

03
内扣烫卷完成图。

9. 外翻烫卷

01
取一束发片，将电卷棒夹口朝下，由下至上、由外向内旋转，烫出的花卷为外翻。

02
将头发在电卷棒上停留3秒。

03
外翻烫卷完成图。

TIPS
花卷的层次取决于发片提拉的高度，高层次的发卷提拉角度不低于90度，反之不高于90度。

10. 三股编辫

01

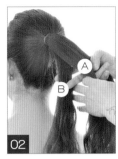
02

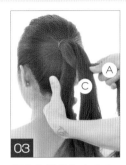
03

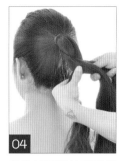
04

05

分出3束均等的发片（A、B、C）。

将A交错叠加在B上。

将C交错叠加在A上。

依次以同样的手法进行操作。

三股编辫完成图。

11. 三股双边续发编辫

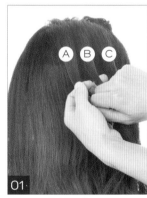
01

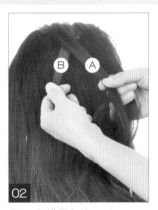
02

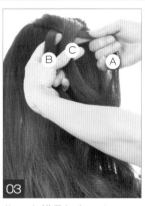
03

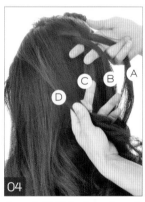
04

分出三束均等的发片(A、B、C)。

将A交错叠加在B上。

将C交错叠加在A上。

将B交错叠加在C上，在左侧分出一束发片D。

05

06

07

08

将D与B叠加合并为E。

将A叠加在E上，并在右侧分出一束发片为F，与A叠加合并为J。

依次类推，编至发尾。

三股双边续发编辫完成图。

12. 三股单边续发编辫

01 分出三束均等的发片（A、B、C）。

02 将A交错叠加在B上。

03 将C交错叠加在A上。

04 将B交错叠加在C上。

05 在左侧分出一束发片D，并与B叠加合并为E。

06 将A交错叠加在E上。

07 将C交错叠加在A上，并在左侧分出一束发片F，与C叠加合并。

08 依次类推，以同样的手法进行操作至发尾。

09 三股单边续发编辫完成图。

13. 蝎子编辫

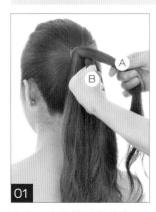

01 分出两束均等的发片（A、B），将A交错叠加在B上。

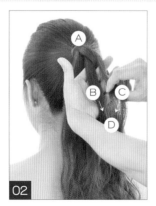

02 在右侧边缘分出C发片，将C交错叠加在A上，并将C、B合并为D发片。

03 取左侧边缘发片为E，将E交错叠加在D发片上。

04 依次类推，以同样的手法进行操作至发尾。

05

蝎子编辫完成图。

06

在蝎子辫的边缘轻拉两侧的发丝，使发辫宽松自然。

07

拉扯后的蝎子编辫完成图。

14. 拧绳

取一束发片，将其梳理光滑、干净，以顺时针或逆时针方向拧转并固定。拧绳的松紧要根据发型的需要来定。

15. 两股拧绳

01

分出均等的两束发片。

02

将两束发片以顺时针或逆时针交错拧转。

03

两股拧绳完成图。

16. 拧绳续发

01

分出一束发片为A，进行顺时针拧转。

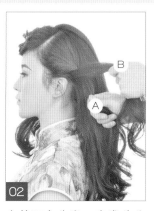

02

在其下方分出一束发片为B，与A交错，顺时针拧转。

03

依次以同样的手法完成拧转，在右侧固定。

04

拧绳续发完成图。

17. 手摆波纹

首先分出均等的三束发片（A、B、C）。

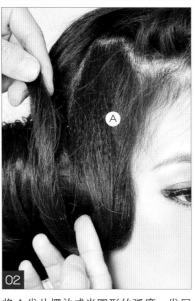

将 A 发片摆放成半圆形的弧度，发尾朝后。

下卡子将 A 发片固定在右侧的发髻处。

将 B 发片叠加摆放在 A 发片之上，做成第二个手摆波纹，将发尾做手打卷收起并固定。

将 C 发片缠绕成手打卷，叠加摆放在 B 发片之上，形成第三个手摆波纹，并进行固定。

在波纹的交接处佩戴发卡，烘托发型的层次感。手摆波纹完成。

18. 手推波纹

01
以眉尾为基准线分出刘海区。

02
用中号电卷棒将头发进行内扣烫卷。

03
将头发向右侧梳理出纹理，用尖尾梳梳出发片，向前推送，并用鸭嘴夹固定，完成第一个波纹。

04
用尖尾梳梳出发片，向后推送，用鸭嘴夹固定，完成第二个波纹。

05
依次类推，以同样的手法将刘海剩余的头发做出波纹。

06
喷发胶定型，待发胶干后，取出鸭嘴夹。

07
手推波纹完成图。

CHAPTER 02

·白纱系列·

01

将头发束中马尾扎起。

02

将发尾的头发向前提拉并固定。

03

将发尾的头发由前向后翻转并固定。

04

取右侧发区的头发，向左侧提拉，拧转并固定。

05

将发尾做手打卷并固定在顶发区。

06

将右侧发区的头发向左侧提拉，拧转并固定。

07

将发尾做手打卷，固定在马尾发髻处。

08

在前额佩戴头饰，点缀造型。

所用手法

① 束马尾　② 拧包
③ 手打卷

造型重点

扎马尾时，要向上提拉并扎紧，前额刘海的包发要圆润饱满，同时要与马尾发包自然衔接。

风格特征

个性时尚的卷筒刘海结合简洁的马尾扎发，加上流苏饰品的点缀，整体造型烘托出了新娘时尚简洁的摩登气质。

01 将刘海的头发束马尾扎起。

02 将发尾的头发分成三个发片，左右发片发量一致，中间的发片发量略少。

03 将左侧的发片做成卷筒状收起，固定在一侧。

04 将右侧的发片以同样的手法操作。

05 将中间的发片在两个卷筒之间来回折叠并固定。

06 将后发区的头发束高马尾扎起。

07 用打造刘海蝴蝶结的手法来处理后发区的马尾。

08 在顶发区的两个蝴蝶结之间佩戴圆形皇冠，点缀造型。

所用手法
① 束马尾　② 卷筒

造型重点
发型的重点在于蝴蝶结的塑造，操作过程中需注意左右卷筒的大小要一致，卷筒摆放的位置要对称。

风格特征
个性十足的蝴蝶结造型搭配俏皮的圆形皇冠，整体造型尽显新娘俏皮可爱的萝莉风格。

01 留出刘海区的头发后，将剩余的所有头发束高马尾扎起。

02 将马尾的头发分出左右均等的两个发片及中间略小的发片。

03 将左侧的发片做卷筒状收起并固定。

04 将右侧的头发做成卷筒状，使其与左侧卷筒对称并固定。

05 将中间的发片在两个卷筒之间来回折叠并固定。

06 将刘海区的头发向后提拉，进行打毛处理。

07 将打毛的刘海头发的表面向后梳理干净，调整纹理与线条。

08 在顶发区佩戴皇冠。

所用手法
①束马尾 ②卷筒 ③打毛

造型重点
在打造顶发区发髻时要掌握好左右卷筒的对称性与饱满度。

风格特征
独特的蝴蝶结发髻，结合空气感的刘海，加上顶发区华丽的皇冠点缀，整体造型将新娘时尚高贵的气质体现得淋漓尽致。

01 将头发烫卷，取左侧的头发，向后拧转并固定。

02 在后发区的左侧分出一缕发丝。

03 将刘海及右侧发区的头发向后拧转并固定。

04 将后发区的头发分成左右两部分，将左侧的头发向右侧拧转并固定。

05 将剩余的头发拧转并盘起，固定在右侧耳后方。

06 整理刘海发丝的线条纹理。

07 在前额处佩戴头饰。

08 发型完成。

所用手法

① 烫发　② 拧转

造型重点

此发型的操作手法简单，重点需根据新娘脸形的特点来掌握发型的轮廓。

风格特征

偏侧的蓬松自然的发髻搭配飘逸的发丝，结合纱帽头饰的点缀，整体造型营造出新娘唯美清新、浪漫甜蜜的气息。

01

从顶发区取一束头发，向后做拧包，
收起并固定。

02

取左侧发区的头发，向枕骨处提拉，
拧转并固定。

03

将右侧发区的头发向枕骨处提拉，拧
转并固定。

04

将剩余的头发做拧绳处理。

05

将拧绳盘起，固定在后发区，形成一
个低发髻。

06

在顶发区佩戴头饰，在肩部佩戴肩链
饰品。

所用手法
① 拧包　② 拧绳

造型重点
掌握好发髻的光洁感及紧致感即可。

风格特征
光洁大气的盘发，搭配华丽闪亮的头饰，使得整体造型呈现出华丽高贵
的气质。

01
将顶发区的头发做拧包，收起并固定。

02
将右侧的头发衔接顶发区的拧包并固定。

03
取后发区左侧的一束发片，向枕骨处拧转并固定。

04
取后发区右侧的一束头发，向枕骨处拧转并固定。

05
将剩余的头发进行三股编辫至发尾。

06
将发辫向上盘起并固定。

07
将刘海区的头发进行外翻烫卷，并沿着发卷的纹理向后做外翻处理。

08
将发尾的头发向顶发区对折，拧转并固定。

09
在右侧前额上方佩戴头饰。

所用手法

① 烫发　② 拧包　③ 编发

造型重点

打造此款造型要注意顶发区饱满的轮廓和偏侧刘海的透气感。

风格特征

简洁大方的拧绳编发发髻含蓄端庄，外翻饱满的刘海时尚高贵，加上偏侧饰品的点缀，整体造型尽显新娘高贵大方、时尚简约的迷人气质。

01

将头发做中分分区。

02

在顶发区佩戴网纱头饰。

03

用电卷棒将头发左右两侧进行外翻烫卷处理。

04

为发卷喷上适量的发胶。

05

待发胶干后，用尖尾梳将发卷进行打毛，使其轮廓更加蓬松饱满，并调整出纹理与线条。

所用手法

外翻烫发

造型重点

此款造型的重点在于掌握烫发的技巧；烫发的高度要均匀一致，以左右耳尖为基准线来控制左右的对称度。

风格特征

俏皮靓丽的卷发加上精美的网纱头饰，整体造型呈现出新娘甜美可人的靓丽气质。

01 将所有头发进行烫卷处理。

02 将所有头发向右侧梳理光洁。

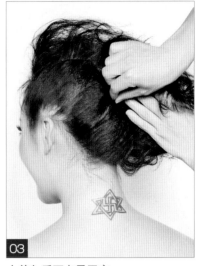

03 由前向后下卡子固定。

04 将右侧的头发做打毛处理，使其蓬松饱满。

05 调整出发型的整体轮廓，下卡子固定。

06 在左侧耳上方佩戴头饰。

所用手法

① 烫发　② 打毛

造型重点

此款发型的操作重点在于掌握打毛的手法，打毛时发片不宜分得过多，发片提拉的角度要大于90度，倒梳时要用尖尾梳压至头发根部。

风格特征

凌乱有序的偏侧发髻空气感十足，搭配上头饰的点缀，使造型轮廓更加饱满，整体造型将新娘个性时尚的风格展现得淋漓尽致。

01

将所有头发束高马尾扎起。

02

将发尾头发做打毛处理，使其蓬松。

03

将发尾头发向前梳理。

04

将向前梳理的头发用尖尾梳的尖端向
内收起。

05

将收起的头发下卡子固定，使其形成
圆润饱满的高耸发包。

06

在发包前侧佩戴头饰。

所用手法

① 束马尾　② 打毛　③ 拧包

造型重点

打造此款造型时要注意光洁紧致的高马尾和圆润饱满的包发轮廓。

风格特征

这是一款经典的赫本发包盘发，搭配珠花发箍的点缀，整体造型尽显新娘高贵优雅的女神气质。

01

将所有头发进行打毛处理。

02

将左侧发区的头发向枕骨处提拉，拧转并固定。

03

将右侧发区的头发向枕骨处提拉，拧转并固定。

04

将刘海头发进行外翻打毛，调整出高耸的轮廓。

05

将刘海头发的尾部向后提拉并固定。

06

将后发区左侧的头发向右侧拧转并固定。

07

继续将后发区的头发交叉拧转并固定。

08

将剩余头发做卷筒状收起并固定。

09

在顶发区佩戴头饰。

所用手法

① 烫发　② 打毛　③ 拧包

造型重点

后发髻的层次要鲜明，高耸的偏侧刘海与后发区发型自然衔接，融为一体。

风格特征

层次鲜明的后发髻拧转盘发端庄而精致，高耸饱满的刘海能够提升新娘的气质，搭配华丽头饰的点缀，整体造型尽显新娘娇媚高贵的优雅气质。

将左侧发区的头发进行三股编辫至发尾。

将发辫由左向右提拉，将发尾向内藏起并固定。

继续取后发区左侧的发片，进行三股编辫至发尾，向右提拉，藏起并固定。

将发尾头发进行打毛处理。

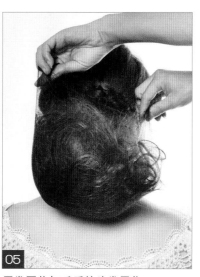

用发网将打毛后的头发罩住。

将罩住的头发沿着发辫边缘固定成饱满圆润的低发髻。

在左侧前额上方佩戴头饰。

所用手法
① 三股编辫 ② 烫发 ③ 打毛

造型重点
后发区发包的大小要与新娘的脸形相互协调。

风格特征
含蓄端庄的低发髻盘发饱满圆润，通过精致的编发衬托造型的层次，使发型显得更加精美而别致。搭配洁白的头饰，整体造型尽显新娘优雅迷人的气质。

01 将顶发区头发做拧包，收起并固定在枕骨处。

02 取枕骨处的发片，由左向右拧转，覆盖发髻固定。

03 将左侧头发向中部位置提拉，拧转并固定。

04 用同样的手法将右侧发片拧转并固定。

05 用同样的手法操作至与双肩水平的位置。

06 将右侧剩余的头发有层次地拧转并固定，衔接在中部发髻边缘。

07 左侧以同样的手法操作。

08 将剩余发尾由左向右拧转并固定，使尾端呈半圆形的弧度。

09 将刘海头发进行外翻烫卷。

10 在顶发区佩戴皇冠。

11 将烫卷的刘海发丝向后拨，使其覆盖皇冠,喷发胶定型。

所用手法

① 拧包　② 烫发

造型重点

打造此款造型时要注意精致的后发髻层次和轮廓，以及空气感刘海。

风格特征

层次鲜明、轮廓清晰的后垂式发髻雅致端庄，结合当下流行的空气感刘海，使得整体造型高贵典雅又不缺少时尚的气息。

01

将左侧耳上方的发片向后进行两股拧绳，提拉并固定至枕骨处。

02

右侧以同样的手法操作。

03

取左侧耳后方的发片，向中部拧转，提拉并固定。

04

将右侧的发片向中部拧转，提拉并固定，以同样的手法重复操作至发尾。

05

将剩余发尾做手打卷，收起并固定。

06

在发髻之间点缀上珍珠发卡。

07

在左侧前额上方佩戴头饰。

所用手法
① 两股拧绳　② 拧包　③ 手打卷

造型重点
打造此款造型时要注意后发髻的轮廓，以及发髻左右的对称度与层次感。

风格特征
此款造型为经典的韩式拧转盘发。精致的发髻搭配珍珠发卡的点缀，使得发髻层次更为鲜明。端庄的发髻结合精美的蕾丝头饰，将新娘凸显得更加柔美娇艳。

01 将顶发区的头发进行三股编辫并固定。

02 由右侧前额处开始向后进行三股续发编辫至耳后方。

03 将发辫与顶发区的发髻衔接固定。

04 左侧以同样的手法操作。

05 将剩余头发分为三股均等发片，将第一个发片进行鱼骨编辫至发尾，并将发丝边缘进行拉扯。

06 将剩余两个发片以同样的手法操作完成。

07 将中间的发辫向上提拉，盘起并固定。

08 左侧以同样的手法操作。

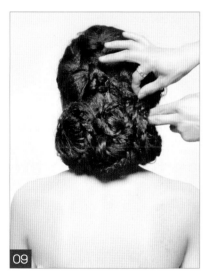

09 右侧以同样的手法操作。

10 佩戴头饰，点缀造型。

所用手法
① 三股编辫　② 三股续发编辫
③ 鱼骨编辫

造型重点
顶发区及左右两侧的发辫要紧致有型，后发髻的发辫要蓬松有序。

风格特征
此款造型是当下极为流行的韩式编发造型。精致的低发髻编发，搭配大网纱头饰的点缀，整体造型尽显新娘雅致甜美的气质。

01 将中部以下的头发进行烫卷处理。

02 分出刘海区的头发，将剩余头发束低马尾扎起。

03 取马尾中一束卷发，拧转并向上提拉，然后固定。

04 继续以同样的手法进行有层次的叠加，盘起并固定。

05 将刘海头发向右侧耳后方提拉，拧转并固定。

06 用珍珠发卡点缀发髻。

07 继续用珍珠发卡点缀发髻，然后在顶发区佩戴皇冠及头纱。

所用手法

① 烫发　② 拧转

造型重点

要将后发髻处理成蓬松而有层次的效果。

风格特征

带有空气感的偏侧刘海时尚而动感，蓬松自然的后发髻盘发搭配皇冠与头纱，整体造型尽显新娘时尚优雅的明星气质。

01 将所有头发的发尾烫卷，取左侧耳上方的头发，由左向右进行三股单边续发编辫。

02 编至右侧耳后方，进行三股编辫。

03 将发辫固定在右侧发片处。

04 取发辫边缘一束发片，利用U形卡穿入发辫之间，将发片带入。

05 使发片形成精致的蝴蝶结形状。

06 以同样的手法沿着发辫继续做蝴蝶结处理。

07 取左侧耳后方一束发片，进行两股拧绳处理。

08 将拧绳盘起并固定在右侧耳后方。

09 佩戴头饰，点缀造型。

所用手法
① 烫发
② 三股续发编辫
③ 蝴蝶结　④ 两股拧绳

造型重点
此款造型的重点是后发区编发蝴蝶结的操作。

风格特征
蝴蝶结造型加上下垂的波浪披散卷发，丰富的整体造型增加了个性的法式韵味，表达出了新娘清新俏丽、奔放灵动、清丽脱俗的甜美气质。

01 将所有头发进行玉米烫处理，从刘海中取一束发片，做拧包收起并固定。

02 将右侧头发分出两束发片，向上提拉，做拧包收起，固定在顶发区。

03 另一侧以同样的手法操作。

04 取左侧耳后方一束发片，由左向右进行提拉，拧转并固定在后发区中部。

05 取右侧耳后方一束发片，与左侧发片交叉拧转，固定在后发区中部位置。

06 继续以同样的手法交叉操作。

07 左右发片要分配均匀，并且光洁、整齐、有层次感。

08 将发尾做卷筒收起并固定。

09 将珍珠皇冠佩戴在顶发区。

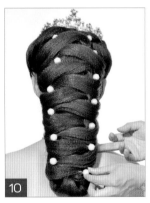

10 将珍珠发卡点缀在后发区，凸显发型的层次感。

11 发型完成图正后方。

所用手法
① 玉米烫　② 拧绳　③ 拧包

造型重点
在打造此款发型时，边缘轮廓要光洁，不宜有碎发，发片的分配要均匀。

风格特征
精致对称的拧包盘发是当下韩式造型的常用手法之一。层次鲜明的发型轮廓搭配端正复古的珍珠皇冠，整体造型尽显新娘优雅、娴静、端庄的气质。

01

用玉米须夹板将所有头发进行卷曲,分出顶发区的头发。

02

将顶发区的头发做拧包,收起并固定。

03

取左侧耳前方一束发片,向后提拉,拧转,将其固定在后发区中部。

04

另一侧以同样的手法操作。

05

依次将左右两侧的发片向内拧转并固定。

06

拧转至 3/4 处,将发尾自然垂下。

07

佩戴饰品前完成图。

08

将吊坠饰品佩戴在前额。

09

将个性的五爪发卡佩戴在后发区,点缀造型。

10

完成图正后方。

所用手法

① 玉米烫　② 拧包

造型重点

可根据新娘的脸形来控制顶发区拧包的高低,长脸形宜选择低发包,反之则选择高发包。

风格特征

精致的拧转盘发极具韩式发型特点,五爪饰品的点缀使其更富层次感,前额的吊坠饰品为新娘增添了柔美气息。

01 将所有头发分出刘海区、顶发区及后发区。

02 将顶发区的头发做拧包，收起并固定。

03 将拧包的发尾向右侧拧转并固定。

04 将拧包的发尾继续左右交替拧转并固定。

05 将后发区左侧的发片向中部发髻边缘衔接并固定。

06 另一侧以同样的手法操作。

07 将后发区剩余的发尾进行三股编辫。

08 将发辫尾端向内拧转并固定。

09 将刘海区的头发中分，将右侧刘海向后做拧绳处理，向后提拉，拧转并固定。

10 将左侧刘海向后做拧绳处理，将拧绳向后提拉，拧转并固定。

11 在顶发区佩戴华丽的钻饰皇冠，点缀造型。

所用手法

① 玉米烫　② 拧包

造型重点

高耸的拧包、交错对称的盘发是这款造型的重点。在处理时要干净、清爽，不宜有碎发。

风格特征

别致有型的韩式盘发高贵而典雅，高耸饱满的顶部发包不仅起到了修饰脸形的作用，同时也提升了新娘高贵不俗的典雅气质。

01 用玉米须夹板将所有头发烫卷，使其蓬松饱满，且易于塑型。

02 在左右两侧耳上方各取一束发片。

03 将发片做拧绳处理，将两根拧绳衔接，固定在后发区中部位置。

04 取后发区左侧耳后方一束发片，由左向右提拉，拧转并固定。

05 取右侧耳后方一束发片，以同样的手法操作，将剩余发片依次拧转并固定至发尾（整个发包走向偏向右侧）。

06 将剩余发尾做拧绳处理，向右侧提拉。

07 将拧绳发尾向内固定在右侧。

08 喷发胶固定发型轮廓，将边缘碎发处理干净。

09 在前额佩戴吊坠珠链饰品，进行点缀。

所用手法
① 玉米烫 ② 拧包

造型重点
发型重点需掌握拧包时左右发片分配的均匀度，以及整体轮廓的走向与层次。

风格特征
层次鲜明的交叉拧包盘发是当下流行的韩式发型之一，搭配吊坠头饰的点缀，整体造型尽显新娘温婉娴静、典雅大方的独特气质。

01

将所有头发分出刘海区、右侧发区及后发区。

02

将刘海区的头发由后向前进行三股续发编辫至发尾。

03

将发辫尾端向内收起，固定在前额处。

04

以同样的手法处理右侧发区头发。

05

将发尾向内盘绕并收起，固定在右侧太阳穴处。

06

将后发区的头发向左侧梳理光洁，做卷筒状并收起。

07

将卷筒摆放在左侧，下卡子固定。

08

将蕾丝珠链饰品佩戴在刘海分区线处，点缀造型。

所用手法

① 玉米烫　② 三股续发编辫
③ 卷筒

造型重点

此款造型的重点是饱满的编发刘海和光洁饱满的偏侧卷筒发髻。

风格特征

时尚个性的编发刘海结合卷筒发髻，形成不对称式的效果。整体造型凸显了新娘时尚个性又不失精致婉约的气质。

01 将所有头发分出三角形的左、中、右三个发区。

02 将中发区的头发放下，由顶部开始分出三股均等发片。

03 将中发区的头发进行三股续发编辫至发尾。

04 将发辫尾端向内对折，下卡子固定。

05 放下右侧发区的头发，取一束发片，向后提拉并拧转，衔接固定在中发区的发辫边缘。

06 将右侧所有头发以同样的手法操作。

07 将剩余发尾继续拧包，有层次地摆放并固定。

08 将左侧发区的头发以同样的手法进行操作。

09 将精美的皇冠头饰斜向地佩戴在左侧前额上方。

所用手法

① 玉米烫 ② 三股编辫 ③ 拧包

造型重点

精准的分区能够决定发型整体轮廓的对称性。

风格特征

精致的编发搭配层次鲜明的拧包盘发，再加上华丽的钻饰，整体造型将新娘烘托得华丽优雅，同时还使其流露出女性甜美端庄的气质。

01

将所有头发分出三角形的左、中、右三个发区。

02

将中发区的头发进行三股续发编辫至发尾。

03

将左侧发区的头发向上提拉，三股单边续发编辫至发尾。

04

将右侧发区的头发向上提拉，三股单边续发编辫至发尾。

05

将左侧发尾向右侧提拉并固定。

06

将中发区的发辫向上拧转，做成发髻。

07

将右侧发区的发辫沿着中发区的发髻边缘缠绕并固定。

08

将精美的珠花佩戴在后发区。

09

将皇冠佩戴在顶发区偏右处。

所用手法

① 玉米烫　② 三股编辫
③ 三股单边续发编辫

造型重点

发型整体轮廓要对称，编发时提拉的角度要一致。

风格特征

精美的发辫盘发搭配奢华的钻饰，整体造型完美地凸显了新娘含蓄优美、落落大方的时尚气息。

01

将所有头发分出刘海区、顶发区及后发区。

02

将顶发区的头发做高耸拧包，收起并固定。

03

取左侧耳上方的发片，由左向右拧转并固定。

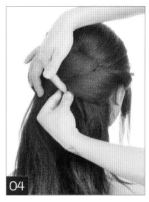

04

取右侧耳上方的发片，以同样的手法进行操作。

05

继续以拧包手法处理剩余发片。

06

拧包之间要有层次地叠加。

07

将刘海区的头发摆放出圆润的弧度轮廓，进行固定。

08

将发尾做拧绳处理后，向后提拉，固定在后发区。

09

将珍珠皇冠偏侧地佩戴在顶发区。

所用手法

① 玉米烫　② 拧包

造型重点

高耸的顶发包可以修饰脸形、提升气质，层次鲜明的拧包盘发在固定时要错落有序。

风格特征

层次鲜明、错落有序的拧包盘发饱满而大气，半圆形的刘海将新娘的脸形修饰得更加精致。再搭配上复古的珍珠皇冠，整体造型凸显了新娘高贵典雅、时尚复古的气质。

01 用玉米须夹板将所有的头发烫卷。

02 将刘海以3:7分出发区。

03 以颈椎骨为基准线，将后发区分出左右两个均等发区。

04 由前额处开始，将左侧发区的头发向后进行三股单边续发编辫。

05 编至发尾，用皮筋固定。

06 将右侧的头发以同样的手法操作。

07 将左侧发辫向右侧上方提拉并固定。

08 将右侧发辫向左侧上方提拉，使左右发辫交叉衔接，将其固定。

09 将精美的珠花佩戴在刘海边缘。

所用手法
① 玉米烫
② 三股单边续发编辫

造型重点
背面的头发分区要对称，编发时发辫提拉的力度要由紧到松逐渐变化。

风格特征
精致的编发组合成圆润的轮廓，搭配俏丽精美的珠花，整体造型尽显新娘清新甜美、俏丽可人又略带娇羞的气质。

01

用玉米须夹板将所有的头发烫卷。

02

分出顶发区的头发，做拧包收起并固定。

03

取左侧耳上方一束发片，由外向内做拧包，收起并固定。

04

将右侧以同样的手法操作。

05

取后发区中部的发片，向上做拧包，收起并固定。

06

继续以同样的手法将后发区中部的发片进行拧包，并将发包错落有致地叠加摆放。

07

将后发区右侧的发片做卷筒，拧包收起并固定。

08

将左侧发片以同样的手法操作，对称地摆放并固定。

09

将剩余发尾向内做拧包，收起并固定。

10

将精美的皇冠头饰斜向佩戴在左侧前额上方。

所用手法

① 玉米烫　② 拧包

造型重点

此款造型的重点在于饱满高耸的顶发区拧包和错落有序的后发区拧包。

风格特征

简洁大方的拧包盘发采用对称的层次式摆放结构，端庄而复古，再加上钻饰头饰的点缀，整体造型极好地烘托出了新娘贤淑娇柔、婉丽复古的韵味。

01

将所有头发分出刘海区、顶发区及后发区。

02

将顶发区及后发区的头发分别束马尾。

03

将后发区的头发做卷筒。

04

下卡子固定卷筒，将卷筒向两侧拉开，使其呈半圆状。

05

将顶发区马尾的头发同样做卷筒收起。

06

下卡子固定卷筒，将卷筒横向拉伸，使其呈饱满的半圆状。

07

用中号电卷棒将刘海头发以外翻手法烫卷。

08

将外翻的卷发刘海沿着发卷的纹理向后提拉并固定。

09

佩戴华丽的钻饰皇冠，进行点缀。

所用手法

① 束马尾 ② 卷筒 ③ 外翻烫发

造型重点

后发区卷筒包发要光洁、饱满、圆润。

风格特征

对称的叠加式发包饱满而高贵，而动感的外翻刘海又为古板的包发增添了一份活力，再搭配上华丽的皇冠，整体造型尽显新娘时尚华美的独特气质。

01

将蕾丝发箍佩戴在前额。

02

将所有头发进行玉米烫，向后梳理，分出左、中、右3个发区。

03

将左侧发区的头发进行三股单边续发编辫。

04

加完头发改编三股辫，发辫要均匀，发辫边缘要干净。

05

编至发尾，将发尾拧转，固定在后发区左侧下方。

06

将右侧的发片进行三股单边续发编辫至发尾。

07

以同样的手法进行拧转，将其固定在后发区右侧下方。

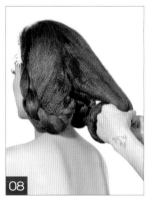

08

将中发区的头发向下做卷筒状并收起。

09

下卡子固定卷筒，将卷筒向左右两侧拉开，使其与两侧的发辫自然衔接。

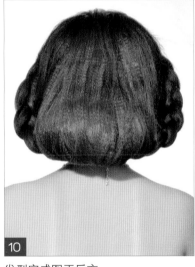

10

发型完成图正后方。

所用手法

① 玉米烫

② 三股单边续发编辫　③ 卷筒

造型重点

左右发辫要对称，后发区的卷筒发包要饱满圆润。

风格特征

饱满圆润的 BOBO 盘发结合左右两侧精致的编发，再加上蕾丝发箍的点缀，整体造型凸显了新娘甜美、俏丽的气息。

01

用电卷棒将所有头发烫卷，并取左侧耳前方一束发片，将其与后发区左侧一束发片交叉缠绕。

02

依次以同样的手法操作至右侧。

03

下卡子将其固定。

04

将刘海区的头发进行蝎子编辫至发尾。

05

将发辫向后提拉，然后固定在后发区发髻处。

06

将康乃馨与满天星点缀在后发区。

07

在前额左侧佩戴鲜花与斑点纱，烘托造型的整体效果。

08

发型完成图正后方。

所用手法

① 烫发　② 拧绳续发
③ 蝎子编辫

造型重点

在进行拧绳续发时，发片要分配均匀。在蝎子编辫时，发辫要蓬松自然，不可提拉过紧。

风格特征

清爽的拧绳续发结合精致的编发刘海，再搭配上鲜花及斑点纱，整体造型尽显新娘清新雅致的迷人气质。

01

将所有头发进行玉米烫处理，在前额分出数束发片，向后拧绳并固定。

02

将左右两侧的发片向内拧转并固定。

03

将剩余头发束高马尾。

04

将发尾头发做卷筒并收起。

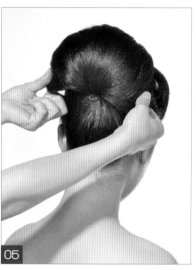

05

将卷筒固定在顶发区，向左右两侧打开，使发包轮廓圆润饱满。

06

将别致的叶子状钻饰佩戴在顶发区的发包处。

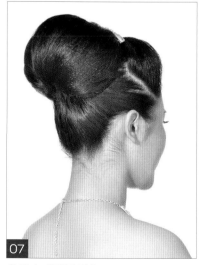

07

发型完成图正后方。

08

在后发区的发包下方佩戴头纱。

所用手法

① 玉米烫　② 拧绳
③ 束马尾　④ 卷筒

造型重点

此款造型的重点是精致的拧绳刘海和高耸的饱满发包。

风格特征

精致对称的拧绳刘海结合高贵优雅的赫本发包，再加上钻饰与白纱的烘托，整体造型尽显新娘端庄高贵的优雅气质。

01 取出左侧发区的头发，将其打毛，使其蓬松饱满。

02 将打毛的头发向后将表面梳理光洁。

03 做饱满的发包，拧转并固定在后发区左侧。

04 右侧以同样的手法操作，注意左右两侧发包的对称性。

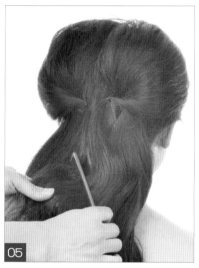

05 将后发区剩余的头发打毛。

06 将打毛的头发由下向上做卷筒，收起并固定。

07 将华丽的皇冠佩戴在顶发区。

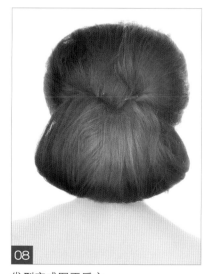

08 发型完成图正后方。

09 将头纱佩戴在后发区。

所用手法

① 打毛 ② 拧包 ③ 外翻卷筒

造型重点

高耸、饱满的发型轮廓是此造型的特点，在处理时，打毛手法尤为重要。

风格特征

对称饱满的顶发区包发，结合圆润大气的卷筒，再加上华丽皇冠的点缀，整体造型尽显新娘端庄、优雅、华丽的气质。

01 将后发区所有头发烫卷，并将其做手推波纹处理。

02 将剩余发尾向右侧提拉，做拧绳处理。

03 将拧绳的发尾向内收起并固定。

04 喷发胶定型。

05 将刘海区的头发向右梳理干净，并做出第一个手推波纹。

06 继续以一前一后的手法推出第二个手推波纹。

07 将剩余头发继续以手推波纹的方法操作完成。

08 喷发胶，使刘海的手推波纹定型。

09 用吹风机吹干发胶。

10 待发胶全干后，逐一取出后发区的鸭嘴夹。

11 取出刘海上的鸭嘴夹，将边缘的碎发处理干净。

12 将精美的发卡佩戴在手推波纹处，使其层次更加鲜明。

13 发型完成图正后方。

所用手法

① 烫发　② 手推波纹　③ 拧绳

造型重点

做手推波纹前，内扣烫发尤为重要。在烫发时，发片要分配均匀，发卷的卷曲度要一致。在做手推时，发片要梳理干净，并以前后推拉的手法操作。

风格特征

精致的手推波纹搭配珍珠发卡，层次更为鲜明。后发区大波浪的披散头发衔接刘海波纹，整体造型完美地烘托出了新娘复古婉约的气质。

01 将头发以左右耳尖为基准线，分出上发区和下发区。

02 将上发区的头发束马尾扎起。

03 将马尾头发分出四束均等的发片。

04 将第一束发片做卷筒并收起，固定在马尾发髻上方。

05 以同样的手法将剩余三束发片围绕马尾发髻做卷筒。

06 下卡子将四个卷筒衔接并固定。

07 将下发区的头发向左侧梳理干净，向上提拉，缠绕在上发区的发髻轮廓边缘。

08 将头发提拉至马尾发髻的正上方，下卡子固定。

09 将剩余发尾继续缠绕发髻边缘，下卡子将其固定在发髻的正下方。

10 将时尚个性的皇冠饰品斜向佩戴在左侧发区。

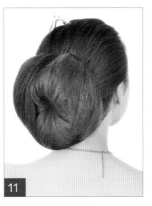

11 发型完成图正后方。

所用手法

① 束马尾　② 卷筒　③ 拧包

造型重点

马尾发髻的卷筒组合是打造圆润发包轮廓的关键。

风格特征

光洁大气的发包简约而不单调，搭配个性的皇冠，整体造型尽显新娘时尚唯美、高贵优雅的气质。

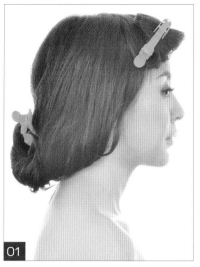

01

分出刘海区与后发区。

02

将后发区的头发做拧绳处理。

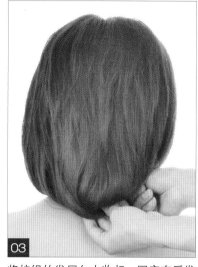

03

将拧绳的发尾向内收起，固定在后发际线处。

04

用中号电卷棒将刘海头发外翻烫卷。

05

沿着发卷的纹理将刘海做外翻卷筒，收起并固定。

06

将华丽的钻饰皇冠点缀在顶部。

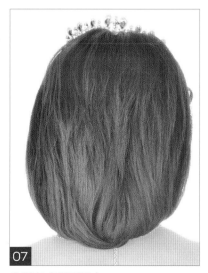

07

发型完成图正后方。

所用手法

① 拧绳　② 外翻烫发

造型重点

在处理后发区的拧绳包发时，发片拧转的松紧决定了发型的整体轮廓。

风格特征

简约时尚的BOBO发型，搭配优雅的外翻刘海，再加上钻饰皇冠的点缀，整体造型尽显新娘雅致端庄的气质。

01 分出刘海区及后发区。

02 将后发区的头发烫卷。

03 由左向右进行三股单边续发编辫。

04 编至发尾。

05 将发辫向上提拉，固定在右侧上方。

06 将刘海头发进行内扣烫卷。

07 将刘海区的头发沿着内扣发卷的纹理摆放出弧度，下卡子固定。

08 将华丽的皇冠佩戴在顶发区。

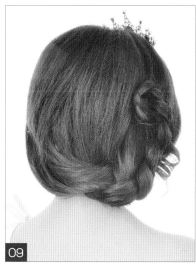

09 发型完成图正后方。

所用手法
① 三股单边续发编辫
② 内扣烫发 ③ 外翻烫发

造型重点
在处理三股单边续发编辫时，发辫提拉的角度要根据发型轮廓来确定，要由松到紧地逐渐变化。

风格特征
宽松自然的编发，结合随意婉约的刘海发卷，整体造型将新娘时尚优雅的风格展现得淋漓尽致。

01 将所有头发分出左、右侧发区及左、右后发区。

02 用中号电卷棒将左、右后发区的头发进行外翻烫卷。

03 将后发区左侧的头发沿着发卷的纹理向上收起并固定。

04 将后发区右侧的发卷衔接固定在左侧发卷旁。

05 将左侧发区的头发进行内扣烫卷。

06 将头发沿着发卷的纹理向后提拉。

07 将左侧发卷衔接在后发区的发髻处并固定。

08 右侧以同样的手法操作。

09 将皇冠佩戴在后发区的发髻之上。

10 在顶部佩戴华丽的皇冠。

11 发型完成图正后方。

所用手法

① 外翻烫卷　② 内扣烫卷

造型重点

烫发时，要控制发卷的卷曲度和左、右发卷的对称性。

风格特征

左右对称的发卷组合是当下流行的韩式发型之一。整体造型使新娘显得时尚、简约而优雅。

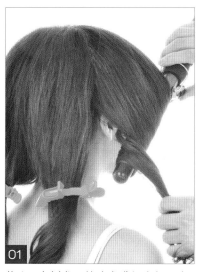

01

将左、右侧发区的头发进行内扣烫卷。

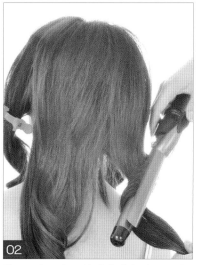

02

将左、右后发区的头发进行外翻烫卷。

03

将左、右后发区的头发合并，各取两侧边缘一缕发丝，将其衔接固定。

04

继续以同样的手法进行操作。

05

将左侧发区的头发向后提拉，衔接固定在后发区发髻处。

06

右侧发区以同样的手法进行操作。

07

将吊坠头饰固定在前额处。

08

发型完成图正后方。

所用手法

① 外翻　② 内扣烫卷　③ 拧包

造型重点

此款造型的重点是发卷的自然衔接及整体轮廓的对称协调。

风格特征

简洁的拧包、披散的发卷，再加上吊坠头饰的点缀，整体造型尽显新娘精致婉约的风格。

CHAPTER

02

白纱系列

095

01 用中号电卷棒将所有头发进行烫卷。

02 将左侧耳前方的发片向后提拉，做拧绳收起并固定。

03 依次进行拧绳处理，使几个拧绳有序排列。

04 将后发区左侧的发片进行外翻拧转，收起并固定。

05 依次进行外翻拧转至后发区右侧。

06 将刘海及右侧发片沿着发卷的纹理外翻拧转。

07 将发卷固定在后发区右上方。

08 将剩余发尾进行拧转。

09 将拧转后的发尾缠绕并固定在后发区中部发髻处。

10 将鲜花摆放出皇冠的样式，佩戴在顶发区左侧。

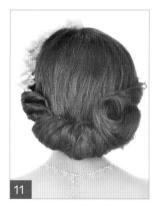

11 发型完成图正后方。

所用手法

① 外翻烫卷　② 拧绳　③ 拧包

造型重点

整体轮廓的弧度要圆润、精致，并使发髻自然衔接。

风格特征

时尚光洁的拧包盘发，轮廓弧度圆润，再加上外翻刘海、皇冠状的鲜花头饰，整体造型将新娘时尚俏丽、雅致清新的气质凸显得淋漓尽致。

01 用玉米须夹板将所有头发烫卷，将头发分出顶发区和左、右后发区。

02 将三个发区的头发分别束马尾扎起。

03 将三个发区的头发分别进行蝎子编辫。

04 将左后发区的发辫盘起，固定在左侧耳后方。

05 继续将剩余发区的发辫盘绕成发髻。

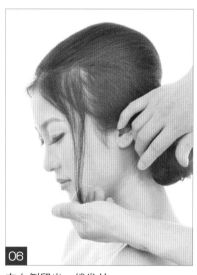

06 在左侧留出一缕发丝。

07 将满天星佩戴在两侧发髻处。

08 发型完成图左后方。

所用手法
① 束马尾　② 玉米烫
③ 蝎子编辫

造型重点
精确的发型分区，饱满蓬松的蝎子编辫及发辫的组合是完成此造型的关键。

风格特征
这是一款对称的俏丽发髻，偏侧的发丝更为整体造型增添了一分浪漫飘逸。整体造型尽显新娘清新唯美、俏丽活泼的可人气质。

01
用中号电卷棒将所有头发外翻烫卷。

02
将头发梳理光洁后，束高马尾。

03
将发尾头发向前梳理。

04
将头发沿着发卷的纹理摆放出圆润的卷筒。

05
下卡子固定卷筒。

06
将鲜花佩戴在卷筒的右后方。

07
将白纱固定在马尾发髻处。

所用手法

① 外翻烫卷　② 束马尾　③ 卷筒拧包

造型重点

马尾的高度决定整体轮廓的走向，饰品的点缀能更好地衬托整体造型的饱满轮廓。

风格特征

简洁的高马尾时尚而大气，优雅干净的卷筒搭配鲜花，高贵中透露出清新甜美的气质。

01 用玉米须夹板将所有头发烫卷，使其蓬松饱满。

02 由前额右侧开始取头发，进行三股单边续发编辫。

03 编发时，发片的分配要均匀，要由粗到细逐渐变化。续发时，只取上半部分的头发添加。

04 编至尾端，用皮筋固定。

05 将发辫沿着前额上方缠绕并固定。

06 用中号电卷棒将剩余头发烫卷。

07 将满天星沿着发辫的边缘佩戴成花环状。

08 在顶发区佩戴白色头纱，进行固定。

所用手法

① 玉米烫　② 烫发
③ 三股单边续发编辫

造型重点

发辫要光洁，同时应利用鲜花的点缀来烘托发辫造型的花环状轮廓。

风格特征

花环状的发髻轮廓，结合浪漫飘逸的长发，再加上洁白的头纱，整体造型烘托出了新娘浪漫唯美、清新脱俗的气质。

01

用中号电卷棒将所有头发烫卷。

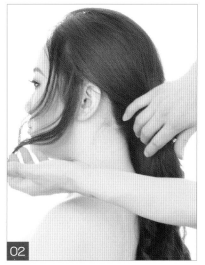

02

分出左侧耳前方一缕发片。

03

将左侧发片向后拧转，固定在后发区。

04

继续在与耳朵水平的位置取发片，将其拧转并固定至后发区右侧。

05

分出右侧耳前方一缕发片。

06

将发片向后提拉，做手打卷收起并固定在后发区。

07

再取右侧发髻处一缕发片，向上提拉，拧转后固定。

08

将满天星佩戴在右侧发髻处。

所用手法

① 烫发　② 拧包　③ 手打卷

造型重点

在用上、下发片拧包时，发片分配的位置要以左右耳为基准线。向上拧转时，提拉的角度要对称。

风格特征

浪漫妩媚的披散卷发通过满天星来点缀，整体造型尽显新娘浪漫清新、娇羞柔美的气质。

01

用中号电卷棒将所有头发进行外翻内扣烫卷。

02

用玉米须夹板将头发根部进行卷曲，使其更加蓬松饱满。

03

以左侧眉峰延长线为基准线，分出刘海区。

04

在刘海区取三股均等发片，由左向右进行编辫。

05

将刘海头发向右侧进行三股单边续发编辫至发尾。

06

将发辫向后提拉，固定在右侧耳上方。

07

用手抓开左侧发区及后发区的发卷，使卷发更加蓬松自然。

08

将蕾丝发饰固定在左侧前额上方。

所用手法

① 烫卷　② 玉米烫
③ 三股单边续发编辫

造型重点

为使造型轮廓蓬松饱满，头发根部需进行玉米烫处理，烫发长度应控制在3厘米左右。

风格特征

精致的编发刘海结合浪漫的卷发，搭配最能体现女人味儿的蕾丝发饰，整体造型将新娘清新甜美、烂漫清纯的气息凸显得淋漓尽致。

01 将所有头发进行外翻烫卷。

02 以眉尾为基准线，分出刘海区的头发。

03 用包发梳梳理后发区的头发，使其蓬松饱满。

04 用包发梳将左右两侧的头发向内梳理。

05 下卡子将发卷衔接固定。

06 喷发胶定型。

07 将刘海区的头发进行外翻打毛处理。

08 将打毛的刘海梳理光洁，提拉至右侧后方，将发尾头发进行外翻拧转并固定。

09 喷发胶将刘海定型。

10 将花环佩戴在顶发区的左侧。

所用手法

① 烫发 ② 打毛 ③ 外翻拧包

造型重点

烫发时，发片提拉的角度及发卷的走向是打造此造型的关键，要以外翻手法卷曲所有头发。

风格特征

蓬松的卷发搭配时尚个性的外翻刘海，再加上花环的点缀，整体造型将新娘甜美清新、活泼俏丽的气息凸显得淋漓尽致。

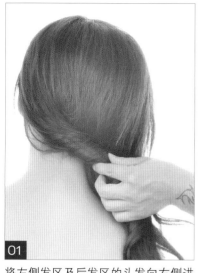

01 将左侧发区及后发区的头发向右侧进行拧绳处理。

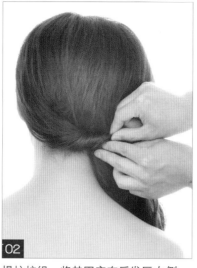

02 提拉拧绳，将其固定在后发区右侧。

03 用中号电卷棒将右侧所有头发进行内扣烫卷。

04 将刘海区头发的根部进行打毛处理。

05 将刘海头发的表面梳理干净，调整出高耸的轮廓弧度。

06 将所有发卷合并整理，使其形成一个完整的卷筒。

07 将别致的蝴蝶流苏头饰佩戴在左侧前额处。

08 发型侧面图。

所用手法

① 拧绳 ② 内扣烫卷 ③ 打毛

造型重点

烫发时，发卷的卷曲度要一致，发尾一定要向内烫卷。打毛时，刘海的根部一定要打毛到位。

风格特征

偏侧的波浪卷发、高耸的刘海，搭配别致的蝴蝶流苏头饰，整体造型尽显新娘时尚摩登的明星气质。

01 用中号电卷棒将所有头发进行烫卷。

02 将头发向后梳理，留出刘海区的头发，在左右两侧各取一缕发片，进行蝎子编辫。

03 继续进行蝎子编辫至尾端。

04 轻轻拉扯蝎子辫的边缘发片，使发辫更加蓬松饱满。

05 将满天星佩戴在后发区两侧。

06 将刘海区的头发进行外翻烫卷。

07 将发片打毛，并将其沿着发卷的纹理自然摆放在右侧耳前方。

08 将满天星佩戴在刘海的后侧方。

09 发型完成图侧后方。

所用手法
① 烫发 ② 外翻烫发
③ 蝎子编辫 ④ 打毛

造型重点
在处理蓬松精致的蝎子编辫时，发片提拉角度要低，同时提拉不宜过紧。

风格特征
浪漫的卷发，雅致的蝎子辫，结合外翻的卷发刘海，再加上清新的满天星，整体造型尽显新娘甜美娇柔的森女风格。

01 用电卷棒将所有头发进行外翻内扣交错烫卷。

02 取左侧耳前方一缕头发，分出均等的三束发片。

03 进行三股单边续发编辫，在续发时只取上层发片，留出下层发片自然披散。

04 将发辫编至中段后，将其固定在后发区中部。

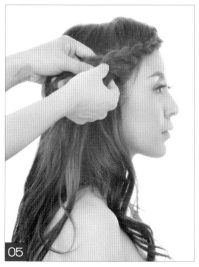

05 由刘海开始进行三股单边续发编辫。

06 编至后发区中部，将其与左侧发辫衔接固定。

07 将康乃馨与满天星点缀在发辫边缘，使其呈花环状。

08 发型完成图正后方。

09 将白纱佩戴在后发区的发髻处。

所用手法

① 烫发　② 三股单边续发编辫

造型重点

在进行三股单边续发编辫时，上下层发片要区分清晰，发片的发量要分配均匀。

风格特征

浪漫的披散卷发，精致的皇冠状编发，加上鲜花、白纱的点缀，整体造型凸显了新娘清新甜美的田园风格。

01

在所有头发上喷发胶。

02

待发胶全干后，用中号电卷棒将头发进行内扣烫卷。

03

用手指将发卷抓开，使发卷纹理自然蓬松。

04

用尖尾梳将顶发区的头发根部打毛，使其蓬松饱满。

05

用尖尾梳的尖端调整发卷的纹理与线条。

06

喷发胶定型。

07

将可爱的公主皇冠偏侧佩戴在顶发区。

所用手法

① 内扣烫卷　② 打毛

造型重点

此款造型的重点是发丝的纹理处理。

风格特征

纹理清晰、线条流畅的蓬松公主卷发俏丽而甜美，搭配可爱的圆形皇冠，整体造型尽显新娘时尚又萝莉的公主气质。

01 以耳尖为基准线,将头发分出刘海区与后发区。

02 以眉峰延长线为基准线,分出 3/7 发区。

03 将刘海头发用中号电卷棒进行内扣烫卷。

04 用尖尾梳将发卷梳理光洁,推出第一个波纹。

05 继续以一前一后的方式推出第二个波纹。

06 继续将剩余头发进行手推波纹处理。

07 喷发胶定型。

08 将后发区的头发向上提拉,进行打毛。

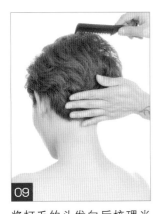

09 将打毛的头发向后梳理光洁,整理出饱满高耸的包发。

10 待发胶干后,将鸭嘴夹一一取出。

11 将别致的蕾丝头饰佩戴在前额左侧。

所用手法

① 烫发 ② 手推波纹 ③ 打毛

造型重点

要通过烫发的纹理来做手推波纹,应以前后推送的手法进行操作。

风格特征

此款造型以复古的手推波纹结合饱满光洁的包发组合而成,搭配别致的蕾丝头饰,整体造型尽显新娘时尚精致、复古典雅的气质。

01

以左右两侧眉峰为基准线，分出刘海区及后发区。

02

将刘海区的头发沿着一个方向打毛。

03

将打毛的刘海头发顺时针地整理出旋涡状。

04

将后发区的头发向上提拉，进行打毛处理，使其蓬松饱满。

05

用尖尾梳的尖端调整出后发区的轮廓及发丝的纹理。

06

用丝缎的斑点状蝴蝶结头饰佩戴在左侧发区。

所用手法

打毛

造型重点

要打造旋涡状的时尚刘海，打毛发片时，提拉的走向要一致。

风格特征

纹理清晰的个性刘海，以斑点状蝴蝶结头饰进行点缀，凸显了新娘时尚个性、俏丽甜美的气质。

CHAPTER

03

·晚礼系列·

01 在前额两侧分出两缕发丝。

02 将顶发区的头发向后束马尾扎起。

03 将发尾头发在马尾根部穿插缠绕。

04 将发尾头发进行两股拧绳处理后,将拧绳边缘进行拉扯,使其层次更加鲜明。

05 将两股拧绳沿着后发区的马尾发髻叠加摆放并固定。

06 继续进行两股拧绳,叠加衔接并固定,使得发髻纹理清晰,轮廓饱满。

07 将剩余发片以同样的手法操作,并调整发髻的轮廓与层次。

08 将顶发区的头发进行拉扯并定型,使发型轮廓更具透气感。

09 佩戴发带,点缀造型。

所用手法
① 玉米烫　② 束马尾
③ 两股拧绳

造型重点
在操作两股拧绳时,发片不宜提拉得过紧。

风格特征
这是一款低发髻两股拧绳盘发,轮廓饱满,纹理清晰,搭配亮片发带,为端庄温婉的新娘增加了些许异域风情,配以垂顺飘逸的刘海,使得新娘更加婉约而优雅。

01 取刘海区一束发片，做内扣卷筒，收起并固定。

02 继续取刘海发片，错落有序地进行内扣卷筒组合并固定。

03 将后发区的头发束中马尾扎起。

04 用发网将发尾头发兜起。

05 将发片向右上方提拉，挤压成扁平状并固定。

06 继续以同样的手法进行有层次的组合叠加并固定。

07 将剩余发片继续摆放并固定，将发尾向内收起。

08 用纱质头巾沿着发髻缠绕，点缀造型。

09 在后发髻的中部点缀饰品，烘托造型的层次感。

所用手法
① 内扣卷筒　② 束马尾
③ 组合波纹

造型重点
刘海卷筒摆放要有层次，同时要光洁，不宜有碎发。在处理后发髻的组合波纹时，要注意发片之间的层次感。

风格特征
精致的复古卷筒刘海，结合组合波纹的发髻盘发，搭配蓝色丝巾的点缀，整体造型尽显新娘时尚复古、甜美俏丽的气质。

01 留出前额左右两侧各一缕发丝。

02 将顶发区的头发做拧包,收起并固定。

03 将左侧发区的头发向右侧提拉,拧转并固定在枕骨处。

04 以同样的手法取右侧发区的头发,进行提拉,拧转并固定。

05 以同样的手法依次取头发,进行交叉拧转并固定,直至发尾。

06 将剩余的发尾头发向内拧转,收起并固定。

07 将紫色绢花佩戴在后发髻处,烘托造型的层次感。

08 发型完成图正后方。

所用手法
① 玉米烫 ② 拧包 ③ 拧转

造型重点
在打造层次鲜明、轮廓简洁的后发髻盘发时,需注意左右发片的均等度及下卡子的牢固度。

风格特征
此款造型由韩式拧转盘发手法操作而成,简洁大气的后缀式盘发层次鲜明、轮廓清晰,结合前额飘逸的发丝,再加上绢花的点缀,尽显新娘时尚简约、典雅大方的气质。

129

取刘海右侧的头发，由右向左、由内向外进行拧转，固定至前额中部位置。

将刘海左侧的头发以同样的手法操作，固定在前额中部位置。

将发尾头发摆放成圆弧轮廓。

将后发区的头发做单包收起并固定。

将发尾头发由后向前做成卷筒并固定。

将剩余发尾继续以同样的手法进行操作，并自然衔接第一个卷筒。

在右侧佩戴头饰，点缀造型。

所用手法

① 拧包　② 单包　③ 卷筒

造型重点

在打造光洁大气的单包时，发片提拉的角度要高于90度。

风格特征

古典的圆弧轮廓刘海，结合光洁干练的单包盘发，铸就经典的赫本造型，整体造型凸显出新娘高贵典雅的女神气质。

01
在前额左右两侧各留出一缕发丝。

02
将顶发区的头发做拧包，用手指提拉发包，使其更具透气感。

03
下卡子固定发包。

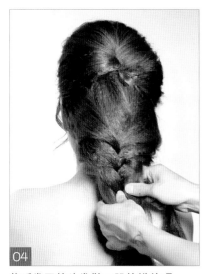

04
将后发区的头发做三股编辫处理。

05
将发辫边缘进行拉扯。

06
将发辫对折，向上提拉并固定。

07
在发髻处佩戴绢花。

所用手法
① 烫发　② 拧包　③ 三股编辫

造型重点
顶发区的拧包要蓬松自然，发丝要有线条感及透气感。

风格特征
带有空气感的低发髻盘发，结合两侧卷曲的发丝，使得发型柔美而动感，搭配鹅黄色绢花的点缀，整体造型尽显新娘甜美靓丽的气质。

01 将左侧的头发向后拧转并固定。

02 将右侧的头发向后拧转并固定。

03 将顶发区的头发向上拉扯出蓬松自然的发丝。

04 取后发区右侧一束发片，进行三股编辫。

05 将发辫向耳上方提拉并固定。

06 将后发区枕骨下方的头发进行交叉拧转并固定。

07 将剩余头发进行两股拧绳。

08 将拧绳由右向左、由下向上盘起并固定。

09 在左侧耳上方佩戴头饰，点缀造型。

所用手法
① 拧包　② 三股编辫
③ 两股拧绳

造型重点
顶发区蓬松的偏侧发辫要光洁，注意整体的轮廓和走向。

风格特征
偏侧的田园风格编发精致而复古，搭配活泼的斑点头花，整体造型将新娘衬托得时尚而复古，同时又不失甜美娇俏的气质。

01
将刘海头发根部进行打毛。

02
将刘海头发向一侧梳理，用尖尾梳尖端调整发丝纹理及高度。

03
下卡子将发尾固定。

04
取左侧耳上方一束发片，向后拧转并固定。

05
取右侧耳后方一束发片，进行两股拧绳处理。

06
将拧绳向上提拉并盘起，固定在枕骨左上方。

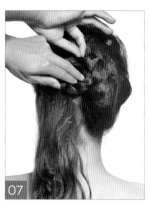

07
继续取后发区右侧的头发，进行两股拧绳，盘起并固定。

08
将剩余的头发进行两股拧绳处理。

09
将拧绳向右提拉，盘起并固定。

10
沿着前额发际线边缘佩戴头饰。

所用手法
①打毛 ②拧转 ③两股拧绳

造型重点
顶发区刘海要求蓬松自然，发丝要有透气感，后发髻的轮廓要紧致圆润。

风格特征
精致的两股拧绳发髻，结合空气感的高耸刘海，搭配前额花环状的绢花，整体造型凸显出新娘灵动秀丽、清新脱俗的森女风格。

01

以尖尾梳尖端做轴心，将刘海向左侧拧转。

02

将做内扣拧转的头发固定在耳上方。

03

将后发区左侧的头发向上翻转，做卷筒，收起并固定。

04

继续取第二束发片，做卷筒，向上收起并固定。

05

继续以同样的手法操作。

06

将发尾收起并固定。

07

用丝巾缠绕发髻，点缀造型。

所用手法
① 内扣拧转　② 卷筒

造型重点
后发髻卷筒要饱满，弧度要圆润。

风格特征
偏侧的斜向刘海增添了女性的妩媚，搭配后发髻复古卷筒，整体造型尽显时尚复古、妩媚动人的气质。

01 用手指代替梳子，将所有头发扎起。

02 将头发提拉至顶发区，用皮筋固定。

03 将马尾头发进行打毛处理。

04 将打毛的头发由外向内翻转并固定。

05 整理出发型轮廓及发丝的纹理。

06 佩戴与红唇呼应的红色头饰，进行点缀。

07 运用抓纱手法将黑色斑点纱衔接固定在红色头饰后方。

所用手法

① 束马尾 　② 打毛

造型重点

整个发型以蓬松效果为主，可利用头饰来修饰发型整体的轮廓感。

风格特征

旋涡状的高耸发髻，结合黑色斑点头纱，整体造型将新娘的时尚、摩登气质表现得淋漓尽致。

将头发束高马尾扎起。

将马尾头发分出 1/3 的发片待用。

将 2/3 的发片向前拧转，做卷筒，收起并固定。

将卷筒向左右两侧进行提拉，使其形成圆润的半圆弧度。

取剩余发片，进行三股编辫至发尾。

将发辫缠绕在发包边缘，进行固定。

在右侧耳上方佩戴头饰。

所用手法

① 束马尾　　② 卷筒　　③ 三股编辫

造型重点

扎马尾的位置要高于枕骨，同时卷筒的表面要光洁，轮廓要饱满。

风格特征

经典的赫本包盘发简约而高贵，加上亮片头饰的点缀，整体造型凸显出了新娘高贵典雅的迷人气质。

01 分出刘海区的头发。

02 将顶发区的头发做拧包，收起并固定。

03 取左侧耳后的头发，分为均等的三股发片。

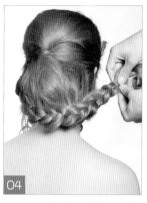

04 由左向右进行三股单边续发编辫至发尾。

05 将发辫由右向左提拉并固定。

06 将刘海头发进行外翻烫卷。

07 在左侧耳前方留出一缕发丝。

08 将烫卷的刘海发片蓬松地向后覆盖顶发区发包并固定。

09 用绢花点缀发型。

所用手法

① 烫发　② 拧包
③ 三股单边续发编辫

造型重点

顶发区发包要高耸饱满，否则刘海发片向后覆盖时便无法达到空气感发丝的效果。

风格特征

顶发区运用了当下流行的空气感手法，打造出发丝清晰、动感的纹理，结合偏侧的后发髻编发，搭配碎花的点缀，整体造型将新娘凸显得秀丽婉约、靓丽迷人。

01

将头发由刘海开始，向右后方进行三股续发编辫。

02

继续由右向左延伸三股续发编辫至左侧耳后方。

03

将发尾进行三股编辫。

04

将发辫向右侧提拉并固定，将发尾做发卷，收起并固定。

05

将剩余头发进行烫卷处理。

06

在顶发区佩戴绢花皇冠，点缀造型。

所用手法

① 烫发　② 三股续发编辫　③ 三股编辫

造型重点

顶发区三股续发编辫要紧致有型。

风格特征

精致的编发、浪漫自然的发卷，搭配上绢花皇冠的点缀，整体造型将新娘凸显得犹如森林里奔跑的公主一般迷人，散发着甜美、俏丽的气息。

01 在前额左右两侧各留出一缕发丝。

02 将顶发区头发的根部进行打毛，向后做高耸拧包，收起并固定。

03 取左侧耳后方一束发片，向枕骨处提拉，拧转并固定。

04 右侧以同样的手法操作。

05 继续以同样的手法交叉拧转，固定至后发区发际线边缘。

06 将剩余头发分为两个均等发片。

07 将两束发片拧绳后分别沿着拧包边缘提拉并固定。

08 在后发髻上方佩戴饰品，点缀造型。

所用手法
① 烫发　② 打毛
③ 拧包　④ 拧绳

造型重点
顶发区的包发要高耸饱满，后发区的拧绳要紧致伏贴。

风格特征
高耸饱满的包发能够提升新娘的气质，原本略带死板的传统盘发运用了左右两侧发丝的点缀，为造型增添了一分动感与活力，简洁大方的盘发无需过多的头饰点缀，便可显得优雅而精致。

将所有头发进行烫卷。

将刘海区的头发束马尾扎起。

将发尾头发进行打毛处理。

将打毛的发丝整理出乱中有序的轮廓，固定在前额上方。

将剩余头发做拧包盘起。

将发尾向前提拉并打毛，使其与刘海自然衔接。

在左侧上方斜向佩戴头饰。

所用手法

① 烫发　② 束马尾　③ 打毛　④ 拧包

造型重点

后发区的拧包要紧致，发型整体轮廓要自然而协调，打毛时的手法要层次鲜明，发丝的纹理要清晰，发髻要具有透气感。

风格特征

此款造型运用了打毛手法来塑造轮廓的饱满感，凌乱的发丝乱中有序、层次鲜明、线条清晰，搭配个性的皇冠，整体造型凸显出新娘个性时尚的娇俏气质。

01

分出刘海区、右侧发区及后发区。

02

将后发区的头发向右侧梳理，束低马尾。

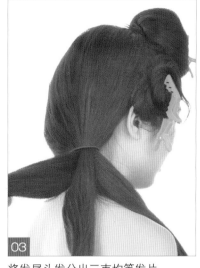

03

将发尾头发分出三束均等发片。

04

将三束发片分别在右侧拧转并缠绕，做成发髻。

05

将右侧发区的头发摆放出弧度，将发尾做手打卷，衔接固定在右侧发髻处。

06

调整出刘海的弧度，将刘海的尾端做手打卷，衔接固定在右侧发髻处。

07

将鲜花点缀在发髻空隙处，烘托造型的整体效果。

08

发型完成图右侧方。

所用手法
① 玉米烫　② 束马尾
③ 拧包　④ 手打卷

造型重点
打造此造型的关键在于偏侧拧包的组合发髻与手打卷的叠加。

风格特征
极富层次感的偏侧发髻用鲜花加以点缀，整体造型凸显了新娘复古典雅、婉丽秀美的气质。

01

将所有头发用玉米须夹板烫卷，分出刘海区与后发区。

02

将后发区头发的发尾做拧绳处理。

03

将拧绳的发尾向内收起并固定。

04

将刘海区的头发向左侧梳理，用尖尾梳推出第一个波纹。

05

继续将剩余头发做手推波纹处理，用鸭嘴夹固定。

06

将发尾头发向后提拉，向后发区内侧收起并固定。

07

喷发胶使手推波纹定型，待发胶干后，取出鸭嘴夹。

08

将别致的发卡点缀在手推波纹处，使其层次更加鲜明。

所用手法

① 玉米烫 ② 拧绳 ③ 手推波纹

造型重点

在打造手推波纹时，要以一前一后推拉的手法进行操作，同时要使其与后发区的发包自然衔接。

风格特征

及肩的BOBO发结合复古雅致的手推波纹，再加上精致的发卡，整体造型尽显新娘娇柔妩媚的时尚气质。

01 用电卷棒将所有头发烫卷。

02 将右侧发区的头发外翻拧转。

03 下卡子将拧转的头发固定在后发区右侧。

04 取后发区左侧一束头发，将其拧转，收起并固定。

05 将剩余发尾进行打毛处理。

06 将打毛的头发表面梳理干净，由下向上做卷筒并收起。

07 下卡子固定卷筒，使其形成饱满圆润的发包。

08 在两侧卷筒的中心处点缀蔷薇花。

09 在左侧发区佩戴蔷薇花，烘托造型的整体效果。

10 发型完成图正后方。

所用手法
① 烫发　② 外翻拧包
③ 外翻卷筒

造型重点
及肩的外翻卷筒要饱满圆润。

风格特征
这是一款低发髻的饱满卷筒盘发，利用打毛、拧包及卷筒手法打造而成，以火红的蔷薇花进行点缀，尽显新娘妩媚妖娆、热情华美的典雅气质。

01 将所有头发分出刘海区及后发区。

02 将刘海区的头发打毛，将打毛头发的表面梳理干净。

03 将刘海头发向右侧提拉，拧转后收至眉峰延长线处，下卡子固定。

04 将发尾头发做手打卷收起。

05 下卡子固定发卷，将边缘的碎发处理干净。

06 将后发区的头发向左侧梳理，向上提拉，做拧包收起。

07 将剩余发尾逆时针拧转，做成卷筒。

08 将卷筒向后拧转，并固定在后发区左下方。

09 将鲜花佩戴在左侧耳上方。

所用手法

① 烫发 ② 打毛 ③ 手打卷
④ 拧包 ⑤ 拧绳

造型重点

在打造个性的刘海时，要将打毛的头发表面梳理光洁，同时要将发片向左侧梳理，并进行外翻拧绳。

风格特征

简洁的拧包，偏侧的发髻，搭配个性的帽檐式刘海，再加上鲜花的点缀，整体造型极好地凸显了新娘时尚个性的气质。

用中号电卷棒将所有头发烫卷。

将头发分出刘海区及后发区。

将刘海区的头发进行打毛，塑造出旋涡的形状。

将后发区的头发做拧包，收起并固定。

将发尾进行打毛，整理出饱满的轮廓和凌乱的线条。

将黑色斑点纱佩戴在顶发区发髻右侧。

将头纱向前提拉，盖住额头部位，将其整理出优雅的轮廓。

发型完成图正后方。

所用手法
① 烫发　② 打毛　③ 拧包

造型重点
在打造轮廓清晰的旋涡状刘海时，要做到纹理清晰、线条流畅。

风格特征
时尚个性的刘海，简洁大方的拧包盘发，结合优雅而神秘的头纱，整体造型完美地烘托出了新娘时尚优雅的妩媚气息。

01 用中号电卷棒将所有头发进行外翻内扣烫卷。

02 将后发区的头发以Z字形分出左、右发区。

03 分出刘海区的头发。

04 将左、右发区的头发束高低不对称的马尾。

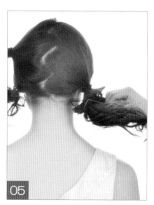

05 将右侧的马尾头发打毛。

06 将打毛的发尾缠绕成蓬松的发髻，下卡子固定。

07 将左侧的马尾以同样的手法进行操作。

08 将刘海区的头发打毛。

09 将打毛的刘海表面梳理干净，向右侧固定。

10 将鲜花佩戴在顶发区，使其呈皇冠状。

所用手法

① 烫发　② 束马尾
③ 打毛　④ 拧包

造型重点

左右不对称的高低马尾发髻是此造型的关键。在束马尾时，以左右耳尖及耳垂为基准线来控制高度。

风格特征

不对称的高低马尾发髻以皇冠状的鲜花头饰进行点缀，整体造型尽显新娘甜美俏丽的公主气质。

01 用电卷棒将所有头发外翻烫卷。

02 将所有头发束高马尾。

03 将发尾沿着发卷的纹理向前梳理。

04 将发尾头发分成几束发片，分别围绕马尾发髻进行拧转。

05 下卡子将发片固定成圆润的发包轮廓。

06 喷发胶定型。

07 将鲜花佩戴在左侧发髻的边缘处。

所用手法

① 烫发　② 束马尾　③ 拧包

造型重点

光洁的高马尾，纹理整齐的发卷走向及饰品佩戴的位置，使整体造型更加饱满协调。

风格特征

高马尾盘发时尚简洁，发尾的动感发卷为造型增添了一分俏丽，再加上偏侧鲜花的点缀，整体造型衬托了新娘时尚清新的气质。

01 用电卷棒将所有头发烫卷。

02 将头发分出刘海区及左、中、右三个后发区。

03 将中发区的头发做卷筒，向上拧转并固定。

04 将左侧的头发做卷筒，向中发区发髻处提拉并固定。

05 将右侧的头发做手打卷收起，固定在后发区中部。

06 将刘海区的头发打毛。

07 将打毛的头发表面向右侧梳理干净，将发尾向右侧耳后方提拉并固定。

08 将鲜花佩戴在后发区的发髻上方。

09 将鲜花佩戴在前额左侧。

10 发型完成图正后方。

所用手法
① 烫发　② 打毛
③ 卷筒　④ 手打卷

造型重点
卷筒组合要衔接自然，刘海的发根要蓬松饱满。

风格特征
优雅的卷筒发髻结合蓬松简洁的弧形刘海，搭配娇艳的鲜花，整体造型凸显了新娘时尚简洁、优雅大方的气质。

01 用中号电卷棒将头发烫卷。

02 分出刘海区及后发区。

03 将后发区顶部的头发打毛，使其蓬松饱满。

04 将顶发区的头发做饱满的发包，收起并固定。

05 将后发区剩余的头发分成几束发片，将第一束发片做外翻拧转，收起并固定在后发区左侧。

06 将第二束发片以同样的手法进行操作。

07 依次固定剩余发片。

08 将拧包的剩余头发做打毛处理，使轮廓更加圆润饱满。

09 将刘海区的头发向右侧梳理，并进行外翻拧转，将其固定在耳上方。

10 将发尾做手打卷，将其收起并固定。

11 将鲜花佩戴在右侧发髻处。

12 发型完成图正后方。

所用手法
① 烫发 ② 打毛 ③ 拧包 ④ 手打卷

造型重点
造型重点在于后发区外翻拧包的组合，以及偏侧发髻与刘海头发的自然衔接。

风格特征
饱满的包发，偏侧的发髻，搭配康乃馨与黄莺，整体造型尽显新娘优雅柔美的气质。

01 用电卷棒将刘海区的头发进行外翻烫卷。

02 将发卷整理出圆形轮廓，顺时针摆放并固定。

03 将剩余头发进行玉米烫处理，取顶发区的发片，做拧包收起并固定。

04 取左侧耳上方的发片，向右侧提拉，拧转并固定。

05 取右侧耳上方的发片，向左侧提拉并固定。

06 取左侧耳后方的发片，向右侧提拉并固定。

07 将剩余发尾进行三股编辫。

08 编至发尾，进行固定。

09 将发辫向左侧提拉，固定在耳后方。

10 将蝴蝶状发卡固定在后发区。

11 发型完成图正后方。

所用手法

① 外翻烫发　② 玉米烫
③ 拧包　④ 三股编辫

造型重点

在打造此发型时，需掌握后发区发型轮廓的走向，以及拧包与发辫之间的完美衔接。

风格特征

典雅的拧包，精致的编发，时尚的刘海，再加上蝴蝶发卡的点缀，整体造型尽显新娘时尚、雅致的优美气质。

01 用玉米须夹板将后发区的头发进行卷曲，使其蓬松饱满。

02 取左右两侧耳上方的头发，进行蝎子编辫。

03 编至发尾，发辫要均匀干净。

04 将发尾头发向内卷曲，收起并固定。

05 将刘海区的头发用中号电卷棒进行外翻烫卷，并做打毛处理。

06 将发卷向上提拉，摆放出外翻的轮廓，下卡子固定。

07 在后发区佩戴别致的蝴蝶状饰品，进行点缀。

08 发型完成图正后方。

所用手法
① 玉米烫　② 蝎子编辫
③ 外翻烫发

造型重点
进行蝎子编辫时，发辫续发的发量要均匀一致，提拉的角度要由高到低渐变。

风格特征
此发型运用韩式造型的经典手法操作而成，精致的编发结合时尚个性的刘海，整体造型尽显新娘时尚端庄的独特气质。

01 用玉米须夹板将后发区的头发进行烫卷。

02 将后发区的头发分出左、中、右三个发区，束马尾扎起。

03 将马尾头发进行三股编辫。

04 将右侧发辫穿过中发区的发辫，向左提拉并固定。

05 将剩余发辫缠绕并固定，做出发髻。

06 将刘海区的头发进行外翻烫卷。

07 将外翻的发卷向后提拉，固定在后发区的发髻上方。

08 将树叶状饰品点缀在后发区发髻处。

09 发型完成图正后方。

所用手法

① 玉米烫　② 外翻烫卷
③ 束马尾　④ 三股编辫

造型重点

在处理此发型时，后发区发辫的堆砌要有规则，不宜杂乱无章。发髻的轮廓要呈现圆润饱满的形状，同时外翻刘海的发卷要与后发区的发髻自然衔接。

风格特征

精致的低发髻编辫盘发，柔美的外翻卷发刘海，再加上个性的饰品，整体造型凸显了新娘时尚大气的明星气质。

CHAPTER 04

04

·旗袍系列·

01 用电卷棒将所有头发烫卷。

02 将头发根部打毛,并将所有头发向后梳理光洁。

03 将所有头发向左侧梳理,并下卡子固定。

04 分出左侧发区的头发。

05 将左侧头发向后提拉,做手打卷收起并固定。

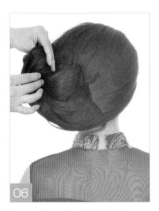

06 将剩余头发由右向左、由下向上提拉并拧转。

07 下卡子将其固定在左侧发髻处。

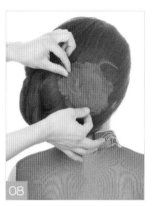

08 将红色绢花佩戴在后发区。

09 将金色珠花佩戴在右侧耳上方。

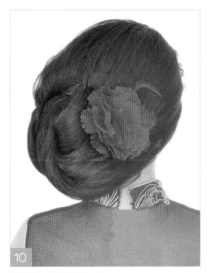

10 发型完成图正后方。

所用手法
① 烫发 ② 打毛
③ 拧包 ④ 手打卷

造型重点
在打造偏侧饱满的轮廓时,要掌握发片提拉的走向及打毛的手法。

风格特征
饱满的偏侧包发时尚而动感,搭配上精美的华丽金色珠花,整体造型尽显新娘典雅华美的气质。

01 用电卷棒将所有头发烫卷。

02 将头发根部用玉米须夹板烫卷,并分出刘海区及后发区。

03 将后发区的头发根部打毛。

04 将打毛的头发表面梳理干净,将左侧发片由左向右拧转,固定在后发区中部。

05 将右侧发片以同样的手法进行操作。

06 将剩余头发分成左右两束均等发片,将左发片向右上方提拉,拧转并固定,留出发尾。

07 将右发片向上提拉,拧转并固定。

08 将发尾向上做手打卷,收起并固定。

09 将剩余发尾向上提拉,做手打卷收起并固定。

10 将刘海头发向后做拧包,收起并固定。

11 将发尾向后做手打卷,收起并固定。

12 用华丽的金色珠花点缀造型。

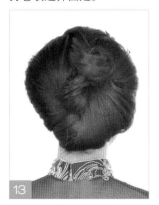

13 发型完成图正后方。

所用手法

① 烫发　② 玉米烫　③ 打毛
④ 拧包　⑤ 手打卷

造型重点

要掌握发包与发包之间的完美衔接,并使整体造型轮廓呈现饱满状态。

风格特征

高贵复古的拧包组合盘发,搭配华美的珠花,整体造型极好地烘托出了新娘端庄雅致的古典气质。

用电卷棒将所有头发烫卷。

分出刘海头发，将其做内扣拧转，贴合额头摆放出有弧度的刘海。

分出顶发区的头发，将头发根部打毛，并向前梳理。

将其拧包，收起并固定在右侧耳上方。

将左侧发片向后提拉，进行拧包，收起并固定在后发区中部。

将右侧头发向上提拉，做卷筒收起，固定在耳上方。

将剩余头发向上提拉，翻转。

下卡子将翻转的头发固定在后发区中部位置。

将别致的绢花佩戴在刘海的空隙处。

发型完成图正后方。

所用手法
① 烫发　② 拧包
③ 打毛　④ 卷筒

造型重点
此款造型的重点是略带弧度的刘海拧包及光洁大气的卷筒发髻。

风格特征
复古精致的拧包卷筒组合盘发，搭配精致的绢花，整体造型尽显新娘雅致古典的韵味。

01 将所有头发用电卷棒烫卷。

02 分出刘海区及后发区。

03 将刘海区的头发向前梳理干净，进行外翻拧转。

04 下卡子固定发尾。

05 将后发区的头发向后提拉，将其梳理干净。

06 将头发做单包，拧转收起并固定。

07 下卡子将边缘头发收起并固定。

08 将精美的饰品佩戴在前额左侧。

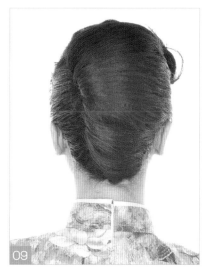

09 发型完成图正后方。

所用手法

① 烫发　② 卷筒　③ 单包

造型重点

简洁清爽的单包是完成此发型的关键，在处理时，发片提拉的角度要高于90度。

风格特征

大气光洁的单包盘发结合个性的外翻卷筒刘海，再加上小饰品的点缀，整体造型凸显出了新娘高贵典雅、时尚个性的明星气质。

01 将所有头发内扣烫卷，并分出刘海区及后发区。

02 将后发区的头发束低马尾。

03 将发尾头发顺着发卷纹理进行拧转。

04 将发尾头发向上提拉，拧转，做成偏侧发髻，固定在右侧耳后方。

05 将刘海头发向一侧梳理，并推出第一个波纹。

06 继续以一前一后的手法推出第二个波纹。

07 将剩余发片进行手推波纹处理，并将其自然衔接在后发区的偏侧发髻上。

08 喷发胶将手推波纹定型，待发胶干后，取出鸭嘴夹。

09 在波纹处佩戴别致的发卡，烘托发型的层次感。

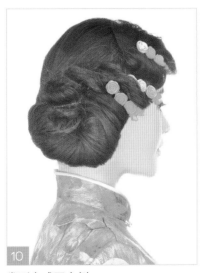

10 发型完成图右侧。

所用手法
① 内扣烫发　② 束马尾
③ 拧绳　④ 手推波纹

造型重点
在打造手推波纹时，烫发尤为关键，发片要薄一些，并要烫到头发根部。

风格特征
优雅的偏侧发髻结合精致复古的手推波纹，搭配蓝色的玫瑰发卡，整体造型极好地凸显了新娘精致复古的柔美气息。

01 将所有头发外翻烫卷。

02 分出刘海区及后发区，将后发区的头发根部打毛，并将打毛的头发表面梳理干净。

03 取后发区左侧的发片，向上拧转并固定。

04 另一侧以同样的手法操作。

05 将刘海区的头发根部打毛。

06 将打毛的头发表面梳理干净，将刘海中段的发片做拧包并收起，固定在眼尾的延长线处。

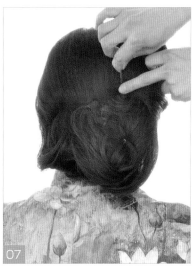

07 将发尾向后提拉，做手打卷收起，将其固定。

08 将别致的饰品佩戴在左侧前额上方。

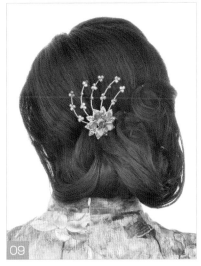

09 发型完成图正后方。

所用手法
① 外翻烫发　② 拧包
③ 手打卷

造型重点
后发区盘发时，发髻的拧转和固定要堆砌有序，整体轮廓要光洁有型。

风格特征
简洁的拧包盘发搭配别致的饰品，整体造型尽显新娘雅致秀美的独特气质。

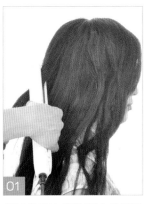

用玉米须夹板将所有头发烫卷，使其蓬松饱满。

分出刘海区头发，将其分出均等的三束发片，将上发片摆放出弧度，下卡子固定。

依次以同样的手法处理剩余的两束发片。

将发尾头发做卷筒，收起并固定在耳后方。

将后发区右侧的头发进行拧包，收起并固定。

将剩余发尾拧转并收起，做成偏侧发髻。

将后发区中部的头发向上做卷筒，收起并固定。

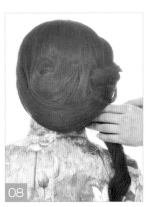

将左侧剩余头发沿着发包边缘向右侧提拉，拧转并固定。

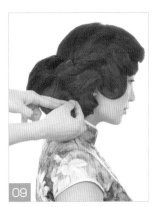

将发尾做手打卷，收起并固定在右侧发髻处。

将精美的玫瑰发卡佩戴在手摆波纹处。

发型完成图右侧。

所用手法

① 玉米烫　② 手摆波纹　③ 拧包
④ 卷筒　⑤ 手打卷

造型重点

饱满的偏侧发髻要与手摆波纹自然衔接。

风格特征

错落有致的偏侧发髻搭配复古妖娆的手摆波纹，再加上精美的玫瑰发卡的点缀，整体造型尽显新娘复古雅致的气质。

将顶发区的头发打毛，做饱满的拧包收起并固定。

将左侧发区的头发打毛，并向右侧提拉，拧转，将其固定在顶发区的发髻处。

将刘海区的头发做内扣拧包，收起并固定在右侧眉尾延长线处。

取右侧耳上方的头发，向前拧转并固定。

将发尾向上提拉，做手打卷，收起并固定。

取后发区右侧的发片，做内扣卷筒，收起并固定在右侧耳后方。

将前侧剩余发尾做手打卷，衔接固定在右侧发髻上方。

将后发区中间的头发向上提拉，拧包，收起并固定。

将剩余头发向右侧梳理，将发尾做手打卷收起，固定在右侧发髻下方。

将鲜花佩戴在发卷空隙处。

发型完成图右侧。

所用手法

① 打毛　② 卷筒　③ 手打卷　④ 拧包

造型重点

发区与发区之间要自然无缝衔接，发型整体轮廓要圆润饱满。

风格特征

复古端庄的拧包组合盘发精致婉约，再加上鲜花的点缀，更显发型的层次。整体造型凸显了新娘婉约娴静、端庄雅致的气质。

将刘海区的头发烫卷，分成两束发片，做外翻拧包，收起并固定。

将发尾分为两束均等发片，将其中一束发片做手打卷，收起并固定。

将剩余发片做手打卷，收起并固定在耳上方。

取耳下方一束发片，摆放出S形，下卡子固定。

在后发区分出四束发片，使第三束发片穿过第四束，向上提拉并固定在耳上方。

将第四束发片沿着第三束发片的轮廓固定。

将第二束发片向右侧提拉，拧转并固定。

将发尾向上提拉，拧包，收起并固定。

将第一束发片沿着发髻的边缘轮廓拧包并固定。

将发尾向右侧提拉，拧转并固定在右侧发髻下方。

在后发区佩戴精美的蝴蝶发卡，烘托造型的层次感。

发型完成图正后方。

所用手法
① 烫发 ② 玉米烫 ③ 手打卷 ④ 拧包

造型重点
此发型通过拧包手法组合而成，在操作中只需掌握造型轮廓的走向即可。同时要使拧包与拧包之间自然衔接。

风格特征
精致的刘海手打卷结合端庄大气的拧包盘发，再加上别致的蝴蝶发卡的点缀，整体造型尽显新娘婉约娴静的气质。

CHAPTER

05

·发型变换·

01 将头发以两眉中央为基准线分出发区。

02 在左侧发区取三股均等发片。

03 由前额斜向后进行三股单边续发编辫，续发时只添加顶发区的发片，预留出后发区的发片。

04 三股单边续发编辫至左侧，将发尾用皮筋固定。

05 将发辫在左侧耳上方拧转并固定。

06 将后发区的发片进行三股单边续发编辫至发尾。

07 拧转发辫，将其衔接并固定在第一条发辫下方，做成偏侧的发髻。

08 在顶发区佩戴孔雀状的皇冠。

所用手法
① 玉米烫
② 三股单边续发编辫

造型重点
这款造型的重点在于掌握续发编辫时发片的分配及提拉角度。

风格特征
通过拧转手法将精致的编发打造成偏侧的优雅发髻，搭配上精美的孔雀状皇冠，整体造型尽显新娘简约时尚、唯美婉约的气质。

01

用玉米须夹板将所有头发烫卷。

02

将烫卷的头发用包发梳向右侧梳理，使其光洁。

03

由后发区中部开始进行蝎子编辫。

04

在进行蝎子编辫时，要注意左右续发的发片的均匀度。

05

编至发尾，用皮筋固定。

06

将发辫由下向上、由左向右提拉，固定在右侧眉尾延长线处。

07

将紫色勿忘我点缀在发髻边缘。

所用手法
① 玉米烫　② 蝎子编辫

造型重点
在编辫时，发片分配要均匀一致，同时发辫要光洁整齐。

风格特征
精致的蝎子编发时尚简约，偏侧的发髻搭配上浪漫的勿忘我，整体造型凸显了新娘典雅妩媚的气质。

01 将所有头发用电卷棒烫卷。

02 将头发分出左、右侧发区。

03 在前额左侧取三股均等发片。

04 向后进行三股单边续发编辫。

05 编至发尾，将发尾做手打卷收起。

06 将手打卷固定在后发区左侧。

07 将右侧头发向后发区中部拧包，收起并固定。

08 将发尾向上翻转，拧包，收起并固定。

09 将剩余发尾做手打卷收起。

10 将手打卷固定至后发区。

11 将精美饰品佩戴在前额右侧。

12 发型完成图正后方。

所用手法

① 烫发　② 三股单边续发编辫
③ 拧包　④ 手打卷

造型重点

在打造精致干净的发辫时，续发的发片要均匀一致，发片提拉的角度要由高到低逐渐变化。

风格特征

简洁的拧包结合精致的偏侧编发，再加上精美的饰品点缀，整体造型尽显新娘婉约柔美的迷人气质。

将所有头发束马尾。

将发尾头发由后向前梳理光洁。

将发尾头发向内收起，做圆润饱满的发包。

将发尾做拧绳处理。

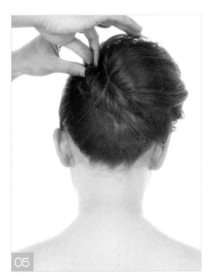

将拧绳缠绕马尾发髻边缘，进行固定。

将满天星佩戴在左侧发区，进行点缀。

在顶发区佩戴白色头纱，营造造型的整体效果。

所用手法

① 烫发　② 束马尾　③ 内扣拧包　④ 拧绳

造型重点

在打造圆润饱满的偏侧赫本包发时，表面头发需梳理光洁，并根据新娘脸形的特点来控制包发的高低。

风格特征

高贵典雅的个性赫本包发，结合梦幻的满天星，整体造型尽显新娘纯洁浪漫、清新脱俗的甜美气质。

01 将所有头发用中号电卷棒进行烫卷。

02 分出刘海区、后发区及左侧发区。

03 将后发区的头发束马尾扎起。

04 将发尾头发进行旋转、拧包并固定。

05 将左侧发区的头发打毛。

06 将打毛的头发向后梳理干净，做拧包收起，固定在后发区的发髻处。

07 将刘海区的头发打毛。

08 将打毛的头发向后梳理干净。

09 将打毛的头发向后提拉，拧转并衔接固定在后发区的发髻处。

10 在右侧发髻处佩戴百合及满天星。

11 发型完成图侧面。

所用手法
① 烫发　② 束马尾　③ 打毛　④ 拧包

造型重点
高耸刘海与偏侧发髻要自然衔接。

风格特征
偏侧的拧包卷发随意而浪漫，高耸饱满的刘海高贵而典雅，加上大气的百合花的点缀，整体造型凸显了新娘端庄大气、俏丽柔美的气质。

用中号电卷棒将所有头发外翻烫卷。

分出刘海区及后发区。

将后发区的头发束低马尾。

将发尾头发分成几束发片，将发片做手打卷收起，向上提拉并固定。

将剩余发片由低到高做手打卷，叠加并固定。

将刘海区的头发沿着发卷的纹理向后提拉。

将刘海区的头发做外翻拧转后，固定在右侧耳后方，将发尾做手打卷，收起并固定。

在右侧发髻处佩戴鲜花，进行点缀。

发型完成图右侧。

所用手法

① 烫发　② 束马尾
③ 卷筒　④ 外翻拧包

造型重点

由低到高的渐变发髻与外翻拧包的刘海要自然衔接。

风格特征

优雅的拧包发髻结合外翻的刘海，搭配娇艳的鲜花，整体造型完美地凸显了新娘优雅婉约的淑女气质。

01 用玉米须夹板将所有的头发烫卷。

02 将顶发区的头发做发包，收起并固定。

03 将后发区左侧的发片向右侧提拉，拧转并固定。

04 将后发区右侧的发片向左侧提拉，拧转，依次向下操作。

05 将剩余发片进行三股编辫至发尾。

06 将发辫由右向左、由下向上提拉并固定。

07 将发辫尾端向右侧横向提拉并固定。

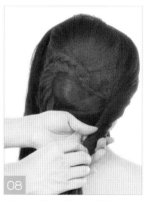

08 将右侧发区的发片拧绳。

09 将拧绳沿着后发区发髻轮廓边缘衔接固定。

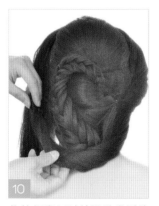

10 将拧绳发尾继续沿着发髻轮廓边缘衔接固定。

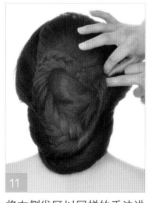

11 将左侧发区以同样的手法进行操作。

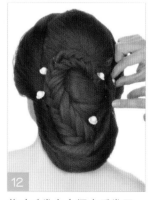

12 将珍珠发卡点缀在后发区。

13 将精美的皇冠佩戴在顶发区。

所用手法

① 玉米烫　② 拧包
③ 三股编辫　④ 拧绳

造型重点

后发区的发辫与拧绳的摆放要简洁明了，应掌握好后发区整体发型的轮廓弧度。

风格特征

错落有致的拧包盘发结合左右对称的拧绳发髻，搭配精美的皇冠，整体造型尽显新娘端庄优雅、秀外慧中的气质。

01 将所有头发用玉米须夹板烫卷，并分出刘海区的头发。

02 将刘海区根部的头发由外向内翻转，下卡子固定。

03 将发尾头发对折，向上提拉，收起并固定，将刘海做成蝴蝶结发髻。

04 将左侧发区的头发向后提拉，做拧绳收起。

05 将右侧发区以同样的手法进行操作。

06 继续以同样的手法将后发区左侧的发片拧包，收起并固定。

07 将剩余头发由右向左进行拧绳并收起。

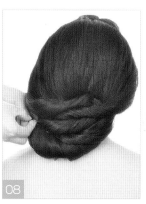

08 将拧绳向左侧提拉，收起并固定。

09 将发尾做拧绳处理，向左侧耳后方收起并固定。

10 将小碎花点缀在后发区发髻的空隙处。

11 将鲜花佩戴在刘海发髻后。

12 发型完成图正后方。

所用手法

① 玉米烫　② 外翻拧包　③ 拧绳

造型重点

在打造纹理清晰、对称光洁的拧绳盘发时，可在发片上涂抹少量的发蜡，从而使整个造型更加整齐。

风格特征

层次鲜明、轮廓饱满的拧包发髻由对称手法组合而成，结合时尚个性的蝴蝶结刘海，整体造型极好地凸显了新娘婀娜多姿、千娇百媚的风情。

01 用尖尾梳以耳尖为基准线分出刘海区的头发。

02 将剩余头发向后梳理干净,以耳垂为基准线下横卡固定。

03 取左侧一束发片,向上提拉,做拧包收起并固定。

04 以同样的手法完成所有发片的处理,并将发尾自然留出。

05 将剩余发尾逐个做卷筒,衔接固定在第一层拧包下方。

06 卷筒摆放要均匀一致、光洁整齐。

07 用中号电卷棒将刘海区的头发进行外翻烫卷。

08 将刘海发卷沿着后发区的发髻轮廓边缘衔接固定。

09 将珍珠发卡点缀在后发区。

10 将红色珠花佩戴在左侧,烘托造型的整体效果。

11 发型完成图正后方。

所用手法

① 玉米烫　② 外翻拧包
③ 外翻烫发　④ 手打卷

造型重点

后发区发卷的摆放要对称整齐,同时要使刘海发卷与后发区的发髻自然衔接。

风格特征

叠加有序的拧包盘发雅致婉约,搭配红色的珠花,整体造型尽显新娘喜庆妖娆、古典华美的独特韵味。

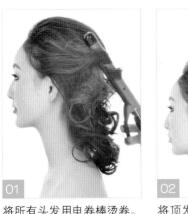

01 将所有头发用电卷棒烫卷。

02 将顶发区的头发根部打毛，使其蓬松饱满。

03 将打毛的头发表面向后梳理干净，取左侧头发，由外向内进行翻转。

04 将外翻拧转的左侧头发固定在后发区中部，将发尾做发髻并固定。

05 将另一侧以同样的手法操作。

06 用尖尾梳将顶发区的头发进行调整，使其更为蓬松饱满。

07 喷发胶定型。

08 将精致的皇冠佩戴在前额。

09 将头纱固定在后发区的发髻之上。

所用手法
① 烫发 ② 打毛 ③ 外翻拧包

造型重点
饱满蓬松的发型轮廓是此造型的关键之处，重点需掌握头发根部打毛的技巧。

风格特征
简洁的外翻拧包盘发轮廓饱满、结构清晰，搭配精美的皇冠饰品，再加上头纱的点缀，尽显新娘唯美浪漫、时尚简约的气质。

用电卷棒将所有头发烫卷。

以左侧眉尾为基准线分出刘海区。

以右侧耳尖为基准线分出刘海区。

将后发区的头发打毛。

将打毛的头发表面梳理干净，向右提拉，做拧包收起并固定。

将发尾头发与刘海头发衔接，进行打毛。

下卡子将发卷衔接固定。

将刘海头发的根部打毛，使其蓬松饱满。

整理发丝纹理与线条。

喷发胶定型。

将鲜花佩戴在左侧发区，点缀造型。

发型完成图正后方。

所用手法
① 烫发　② 打毛　③ 拧包

造型重点
光洁的偏侧拧包及纹理清晰的刘海发丝是此发型的关键。

风格特征
偏侧的动感盘发加上鲜花的点缀，整体造型完美地凸显了新娘动感活泼、时尚俏丽的气质。

01 用电卷棒将所有头发烫卷。

02 分出刘海区、左侧发区、右侧发区及后发区。

03 将右侧发区的头发打毛。

04 将打毛的头发表面梳理干净。

05 沿着右耳将头发进行内扣拧转并固定。

06 将左侧头发以同样的手法进行操作。

07 将后发区的头发打毛。

08 将打毛的头发表面梳理干净，向内拧转并固定。

09 将刘海区的头发打毛。

10 将打毛的头发梳理光洁，向上做外翻卷筒，收起并固定。

所用手法

① 烫发 ② 打毛 ③ 内扣拧包
④ 外翻卷筒

造型重点

在打造圆润饱满的 BOBO 短发时，要注意左右的对称性。整体轮廓的饱满度取决于打毛的手法，发片提拉的角度要控制在 45 度左右。

风格特征

蓬松饱满的时尚 BOBO 头结合古典个性的外翻卷筒刘海，整体造型将新娘时尚、复古的风格完美地融为一体。

01 用电卷棒将所有头发烫卷。

02 分出刘海区的头发，将发片摆放出圆润的弧度，固定在前额右侧。

03 将发尾做手打卷收起并固定。

04 取左侧发区的发片，向后提拉，做拧包收起并固定。

05 继续以同样的手法由左至右提拉发片，拧包并固定。

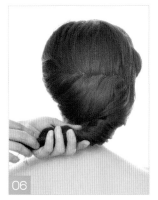

06 拧包至后发区右侧耳后方，将剩余发尾沿着发卷的纹理做出卷筒。

07 将卷筒向左上方提拉并固定。

08 发型完成图正后方。

09 将白纱佩戴在顶发区。

10 将华丽的皇冠佩戴在顶发区。

所用手法
① 烫发 ② 拧包 ③ 手打卷

造型重点
此款造型的重点是精致的纹理刘海和饱满的偏侧发髻。

风格特征
通过华丽皇冠及白纱的点缀，整体造型凸显了新娘清新雅致、高贵优雅的气质。

01 用中号电卷棒将所有头发烫卷。

02 将顶发区的头发根部打毛，使其蓬松饱满。

03 将打毛的头发表面梳理干净。

04 将左侧头发向后提拉，将发尾做手打卷收起，在左侧前额处留出一缕发丝。

05 依次从左至右分出发片，以同样的手法进行操作。

06 将右侧剩余的发片做手打卷收起，将其固定在后发区右侧。

07 将别致的头饰佩戴在手打卷的卷心，烘托造型的层次感。

08 发型完成图正后方。

所用手法

① 烫发　② 手打卷　③ 打毛

造型重点

手打卷与手打卷之间要叠加有序，同时要掌握好发型的整体轮廓。

风格特征

偏侧的手打卷组合盘发轮廓圆润，一侧的飘逸发丝为整体造型增添了一分浪漫与妩媚。整体造型尽显新娘柔美高贵的气质。

01 用电卷棒将所有头发烫卷。

02 将刘海区的头发做外翻烫卷，并整理出轮廓和线条。

03 将左右两侧的发片向后发区提拉，拧转并固定。

04 将红色蔷薇佩戴在后发区，将左侧发片向右侧提拉，拧转并固定。

05 将后发区剩余的发卷衔接固定。

06 将合并后的发卷向右侧提拉，固定在耳上方。

07 将蔷薇及黄莺点缀在后发区。

08 发型完成图正后方。

所用手法

① 外翻烫卷　② 打毛　③ 拧包

造型重点

通过鲜花的点缀，后发区的发髻应呈现饱满圆润的轮廓。

风格特征

拧包盘发以鲜花点缀，饱满而圆润，加上外翻刘海的衬托，为整体造型增添了一分动感与时尚。整体造型凸显了新娘高贵婉约的气质。

将头发烫卷，分出刘海区及后发区。

将后发区的头发由左侧向右侧拧绳。

将一束白色康乃馨用右侧头发缠绕。

将缠绕的头发及鲜花固定在右侧耳后方。

将刘海区的头发向后提拉，进行打毛。

将打毛的头发表面梳理干净，将发尾向后提拉，使其覆盖右侧鲜花花梗。

将发尾做手打卷，将其固定在后发区左侧。

调整刘海的纹理与线条。

发型完成图正后方。

将白纱佩戴在顶发区。

所用手法

① 拧绳　② 拧包　③ 打毛
④ 手打卷

造型重点

鲜花缠绕拧包的发髻，牢固性尤为关键。随意的偏侧发卷是此造型的点睛之处，可使整体造型动感又充满活力。

风格特征

大方得体的拧包发髻，动感时尚的发卷纹理，再加上鲜花、白纱的点缀，整体造型将新娘唯美浪漫、清新优雅的气质凸显得淋漓尽致。

01 以左侧眉峰延长线为基准线分出刘海区的头发。

02 将刘海区的头发进行外翻打毛处理。

03 将打毛的刘海整理出旋涡状的轮廓。

04 将后发区的头发向左侧梳理。

05 下卡子将头发固定至左侧。

06 将头发进行内扣拧转。

07 将发尾做拧绳，向右侧提拉。

08 将发尾拧绳沿着下卡子的位置进行覆盖并固定。

09 将鲜花佩戴在左侧额角。

10 发型完成图正后方。

所用手法

① 打毛　② 内扣拧包

造型重点

在打造纹理清晰的旋涡状刘海时，需注意发片提拉的方向。

风格特征

简洁大气的拧包盘发结合时尚个性的旋涡状刘海，加上鲜花的点缀，整体造型尽显新娘时尚简约的气质。

01 分出刘海区及后发区，取后发区右侧的发片，分成两束均等发片。

02 将两束发片进行顺时针交替拧转。

03 在交替拧转过程中添加发片，直至左侧。

04 继续以两股拧绳的手法处理发尾头发。

05 将发尾向左侧收起并固定。

06 将刘海区的头发打毛。

07 将打毛的头发向后、向左调整出轮廓弧度。

08 将精美的红色皇冠斜向佩戴在右侧前额处。

09 发型完成图正后方。

所用手法

① 两股拧绳　② 两股拧绳续发
③ 打毛

造型重点

在处理两股拧绳续发时，发片要分配均匀，发片表面要光洁。

风格特征

简洁的两股拧绳续发，轮廓圆润，纹理清晰，结合线条流畅的刘海，搭配喜庆的红色皇冠，整体造型完美地凸显出了新娘优雅的气质。

01

用中号电卷棒将刘海区及顶发区的头发烫卷。

02

将烫卷的头发向后提拉，将其打毛。

03

用尖尾梳将打毛的发丝进行整理。

04

发丝要纹理清晰、线条流畅，喷发胶定型。

05

将左侧发区的头发向后梳理，下卡子进行固定。

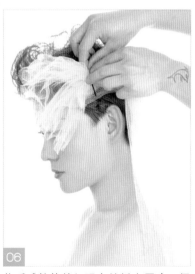

06

将质感较软的细眼白纱抓出层次，佩戴在左侧。

07

依次抓出头纱的层次，进行固定，整理出头纱的形状与轮廓，使整体造型更加饱满圆润。

08

将精致独特的皇冠沿着左侧前额边缘进行佩戴。

所用手法

① 外翻烫卷 ② 打毛 ③ 抓纱

造型重点

此款造型的重点是纹理清晰的外翻刘海和蓬松饱满的纱花造型。

风格特征

纹理清晰、线条流畅的发丝结合蓬松浪漫的白纱，搭配闪亮的皇冠，整体造型尽显新娘唯美浪漫、时尚简约的风格。

01 将头发以眉峰为基准线分出发区。

02 将左侧发区及后发区的头发根部打毛。

03 将打毛的头发向后梳理，用尖尾梳的尖端调整出纹理与线条，使发包更具透气性。

04 将顶发区及刘海区的头发用中号电卷棒进行外翻烫卷。

05 将烫卷的头发沿着发卷的走向进行外翻打毛。

06 整理出发丝的走向及纹理，并喷发胶定型。

07 将丝缎质感的发箍斜向佩戴在左侧。

所用手法
① 打毛　② 外翻烫卷

造型重点
整体发型轮廓要饱满，外翻刘海要纹理清晰、充满动感。

风格特征
时尚的外翻发丝搭配蝴蝶结状的发箍，整体造型完美地凸显了新娘简约时尚的风格。

01

以耳尖为基准线，分出刘海区的头发。

02

将刘海区的头发分出若干束均等发片，将最下方的发片拧转出半圆状，固定在右侧耳上方。

03

将剩余发片做手摆波纹，摆放并固定。

04

继续将剩余发片拧转成半圆状，叠加固定，喷发胶定型。待发胶干后，取下固定发卷的小卡子。

05

分出顶发区的头发，将长形假发包填充在后发区上方并固定。

06

将顶发区的头发向后梳理，使其覆盖假发包。

07

将与真发颜色接近的假发衔接固定在后发区。

08

将时尚喜庆的红色珠花点缀在顶发区。

所用手法

① 手摆波纹　② 打毛
③ 真假发结合

造型重点

错落有致的手摆波纹要有序地摆放并固定，同时后发区真假发的结合要自然。

风格特征

高耸饱满的包发结合精致复古的手摆波纹，再加上红色珠花的点缀，整体造型将新娘衬托得高贵典雅、婉约秀美。